EDUCAÇÃO MATEMÁTICA E EDUCAÇÃO ESPECIAL

DIÁLOGOS E CONTRIBUIÇÕES

◫ COLEÇÃO TENDÊNCIAS EM EDUCAÇÃO MATEMÁTICA

EDUCAÇÃO MATEMÁTICA E EDUCAÇÃO ESPECIAL

DIÁLOGOS E CONTRIBUIÇÕES

Ana Lúcia Manrique
Elton de Andrade Viana

autêntica

Copyright © 2020 Ana Lúcia Manrique
Copyright © 2020 Elton de Andrade Viana

Todos os direitos reservados pela Autêntica Editora Ltda. Nenhuma parte desta publicação poderá ser reproduzida, seja por meios mecânicos, eletrônicos, seja via cópia xerográfica, sem a autorização prévia da Editora.

COORDENADOR DA COLEÇÃO TENDÊNCIAS EM EDUCAÇÃO MATEMÁTICA
Marcelo de Carvalho Borba –
gpimem@rc.unesp.br

CONSELHO EDITORIAL
Airton Carrião/Coltec-UFMG;Arthur Powell/Rutgers University;Marcelo Borba/UNESP;Ubiratan D'Ambrosio/UNIBAN/USP/UNESP;Maria da Conceição Fonseca/UFMG.

EDITORAS RESPONSÁVEIS
Rejane Dias
Cecília Martins

REVISÃO
Felipe Magalhães

CAPA
Alberto Bittencourt

DIAGRAMAÇÃO
Guilherme Fagundes

Dados Internacionais de Catalogação na Publicação (CIP)
(Câmara Brasileira do Livro, SP, Brasil)

Manrique, Ana Lúcia
 Educação matemática e educação especial : diálogos e contribuições / Ana Lúcia Manrique, Elton de Andrade Viana. -- 1. ed. -- Belo Horizonte, MG : Autêntica, 2021. -- (Tendências em Educação Matemática / coordenação Marcelo de Carvalho Borba)

 Bibliografia
 ISBN 978-65-88239-83-4

 1. Educação especial 2. Educação inclusiva 3. Formação profissional 4. Matemática - Estudo e ensino 5. Professor como profissão I. Viana, Elton de Andrade. II. Borba, Marcelo de Carvalho. III. Título IV. Série.

20-47396 CDD-371.9

Índices para catálogo sistemático:
1. Educação especial 371.9
Aline Graziele Benitez - Bibliotecária - CRB-1/3129

Belo Horizonte
Rua Carlos Turner, 420
Silveira . 31140-520
Belo Horizonte . MG
Tel.: (55 31) 3465 4500

São Paulo
Av. Paulista, 2.073 . Conjunto Nacional
Horsa I . Sala 309 . Cerqueira César
01311-940 . São Paulo . SP
Tel.: (55 11) 3034 4468

www.grupoautentica.com.br

Agradecimentos

Agradecemos ao professor Marcelo de Carvalho Borba, coordenador da coleção Tendências em Educação Matemática, pelo apoio dado para o desenvolvimento desta obra, acompanhando a produção e provocando reflexões essenciais para o amadurecimento da discussão que aqui trazemos.

Agradecemos, ainda, a todos os que participaram da revisão, edição e publicação, assim como os que, direta ou indiretamente, financiaram a publicação deste livro.

Nota do coordenador

A produção em Educação Matemática cresceu consideravelmente nas últimas duas décadas. Foram teses, dissertações, artigos e livros publicados. Esta coleção surgiu em 2001 com a proposta de apresentar, em cada livro, uma síntese de partes desse imenso trabalho feito por pesquisadores e professores. Ao apresentar uma tendência, pensa-se em um conjunto de reflexões sobre um dado problema. Tendência não é moda, e sim resposta a um dado problema. Esta coleção está em constante desenvolvimento, da mesma forma que a sociedade em geral, e a, escola em particular, também está. São dezenas de títulos voltados para o estudante de graduação, especialização, mestrado e doutorado acadêmico e profissional, que podem ser encontrados em diversas bibliotecas.

A coleção Tendências em Educação Matemática é voltada para futuros professores e para profissionais da área que buscam, de diversas formas, refletir sobre essa modalidade denominada Educação Matemática, a qual está embasada no princípio de que todos podem produzir Matemática nas suas diferentes expressões. A coleção busca também apresentar tópicos em Matemática que tiveram desenvolvimentos substanciais nas últimas décadas e que podem se transformar em novas tendências curriculares dos ensinos fundamental, médio e superior. Esta coleção é escrita por pesquisadores em Educação Matemática e em outras áreas da Matemática, com larga experiência docente, que pretendem estreitar as interações entre a Universidade – que produz pesquisa – e os diversos cenários em que se realiza essa educação. Em alguns livros, professores da educação básica se tornaram também autores. Cada livro indica uma extensa bibliografia na qual o leitor poderá buscar um aprofundamento em certas tendências em Educação Matemática.

Neste livro, os autores se revelam com larga experiência docente tanto na Educação Matemática como na Educação Especial, um fator importante na produção de uma obra, que por sua vez, se propõe a discutir um diálogo entre essas duas áreas. O livro é composto por cinco capítulos, que abarcam desde uma análise histórica dos estudos realizados por educadores matemáticos no campo da Educação Especial, até uma apresentação detalhada das principais contribuições dadas por esses estudos. No final do livro, tendo em vista o momento em que é lançado para compor a coleção, os autores fazem algumas reflexões sobre como esse cenário de diálogo que se estruturou entre a Educação Matemática e a Educação Especial pode ser influenciado pelas mudanças provocadas no cenário educacional brasileiro após a pandemia de covid-19.

*Marcelo C. Borba**

---

[*] Marcelo de Carvalho Borba é licenciado em Matemática pela UFRJ, mestre em Educação Matemática pela Unesp (Rio Claro, SP) doutor, nessa mesma área, pela Cornell University (Estados Unidos) e livre-docente pela Unesp. Atualmente, é professor do Programa de Pós-Graduação em Educação Matemática da Unesp (PPGEM), coordenador do Grupo de Pesquisa em Informática, Outras Mídias e Educação Matemática (GPIMEM) e desenvolve pesquisas em Educação Matemática, metodologia de pesquisa qualitativa e tecnologias de informação e comunicação. Já ministrou palestras em 15 países, tendo publicado diversos artigos e participado da comissão editorial de vários periódicos no Brasil e no exterior. É editor associado do ZDM (Berlim, Alemanha) e pesquisador 1A do CNPq, além de coordenador da Área de Ensino da CAPES (2018-2022).

Sumário

Apresentação 11

Capítulo 1
Educação Matemática e Educação Especial:
identificando diálogos constituídos no território brasileiro............ 13

Capítulo 2
Exercitando o diálogo na prática: a articulação entre professores... 35

Capítulo 3
Discussões que ainda precisamos amadurecer no diálogo.............. 59

Capítulo 4
Reflexões sobre a deficiência visual...................................... 73

Capítulo 5
Reflexões sobre a deficiência auditiva.................................... 91

Últimas reflexões: o diálogo para o mundo pós-pandemia 105

Referências 111

Outros títulos da coleção 129

Apresentação

Este livro tem o objetivo de apresentar um olhar panorâmico sobre pesquisas desenvolvidas no território nacional, buscando fazer uma reflexão crítica para entendermos ainda mais como a Educação Especial e a Educação Inclusiva têm contribuído para o desenvolvimento de novas práticas, teorias, abordagens, estratégias e a produção de recursos e tecnologia assistiva na Educação Matemática.

Dessa forma, compartilhamos neste livro um processo de investigação que realizamos no grupo de pesquisa *Professor de Matemática: formação, profissão, saberes e trabalho docente*, da Pontifícia Universidade Católica de São Paulo (PUC-SP), onde realizamos atualmente, como uma das vertentes investigativas, pesquisas sobre os saberes pertinentes à Educação Matemática Inclusiva no Brasil.

Este livro está dividido em cinco capítulos. O primeiro capítulo intitula-se "Educação Matemática e Educação Especial: identificando diálogos constituídos no território brasileiro". Neste capítulo buscamos uma melhor compreensão dos diálogos que se desenvolvem entre a Educação Matemática e a Educação Especial, destacando as pesquisas realizadas desde a década de 1990 e suas principais contribuições para o desenvolvimento de um cenário educacional mais inclusivo.

O capítulo 2 é chamado "Exercitando o diálogo na prática: a articulação entre professores". Intencionamos, neste capítulo, fazer uma reflexão sobre a articulação estabelecida entre o professor da sala regular e o professor do Atendimento Educacional Especializado (AEE), que propicia nos diferentes ambientes escolares o fortalecimento das distintas identidades profissionais que se constituem no campo educacional. Além disso, entendemos que o AEE é importante em nosso país como uma atitude educacional com natureza emancipatória, uma natureza que é mais bem compreendida quando percebemos que o AEE é o serviço em que todos os educadores de forma colaborativa instituem um serviço de natureza educacional.

O capítulo 3 intitula-se "Discussões que ainda precisamos amadurecer no diálogo". Identificamos, em nossa análise de diferentes investigações na Educação Matemática, que alguns temas foram pouco explorados. Dessa forma, depreendemos que este capítulo serve de alerta para que todos nós nos atentemos a questões que estão presentes no cotidiano do professor que ensina matemática, constituindo um complexo de temas para novas investigações.

O quarto capítulo, "Reflexões sobre a deficiência visual", apresenta uma análise crítica sobre o processo de ensino e aprendizagem de conteúdos matemáticos e a formação de professores que ensinam matemática, em contextos que incluem estudantes com deficiência visual. Dessa forma, buscamos neste capítulo identificar os caminhos trilhados e desvelar algumas tendências dos estudos realizados pelos pesquisadores que investigaram a deficiência visual.

No quinto capítulo, denominado "Reflexões sobre a deficiência auditiva", buscamos considerar aspectos envolvidos no processo educacional de estudantes com deficiência auditiva. Dessa forma, nossas reflexões versaram sobre a cultura surda; os processos de ensino e aprendizagem de conteúdos matemáticos; a mediação por meio da Língua Brasileira de Sinais (Libras); e o papel do intérprete.

E, por fim, em nossas considerações, "Últimas reflexões: o diálogo para o mundo pós-pandemia", trazemos apontamentos, não com a finalidade de divulgar uma carta de verdades, mas, sim, de convidar a comunidade de educadores matemáticos a pensar sobre como o diálogo entre a Educação Matemática e a Educação Especial poderá se consolidar nos próximos anos em nosso país.

Capítulo 1

Educação Matemática e Educação Especial: identificando diálogos constituídos no território brasileiro

Quando tentamos um adentramento no diálogo como fenômeno humano, se nos revela algo que já poderemos dizer ser ele mesmo: a palavra. Mas, ao encontrarmos a palavra, na análise do diálogo, como algo mais que um meio para que se faça, se nos impõe buscar, também, seus elementos constitutivos.
Paulo Freire (1970, p. 89).

Diálogo.

Uma palavra que nos remete a um estado de conversação, bate-papo ou até mesmo, como dizem alguns, trocar umas ideias. Mas qual é o significado mais profundo que podemos extrair de uma palavra?

É comum o emprego do termo *diálogo* a fim de expressar a participação de pelo menos dois sujeitos falantes, no entanto, podemos ampliar essa nossa reflexão a partir de uma análise etimológica. A palavra *diálogo* é composta pelo prefixo grego *dia*, que significa "através de, entre" e *lógos*, que por sua vez pode ser traduzido como "palavra, estudo, racionalidade, conhecimento" (MACHADO, 2012).

Isso nos remete a um entendimento de que o diálogo se desenvolve *atravessando* um conhecimento. É nesse sentido que o linguista alemão Konrad Ehlich nos convida a pensar sobre o diálogo no sentido de colóquio, uma concepção que foi historicamente exercitada nos encontros dialógicos dos antigos filósofos gregos na busca pelo conhecimento da verdade, e que culmina na possibilidade de definirmos diálogo "[...] como uma atividade comunicativa integrada com o objetivo de 'descobrimento da verdade'" (EHLICH, 1986, p. 146). Partindo dessa reflexão, nos ocupamos aqui em refletir sobre os diálogos, que, na pluralidade em que se tecem, constituem-se, assim como entende Bohm (2005), em uma corrente de significados que flui entre os participantes e os atravessa, possibilitando o emergir de novas compreensões.

Em nossa perspectiva, essas novas compreensões que emergem não são verdades absolutas e inquestionáveis, já que apresentam nuances de imperfeição por causa das limitações humanas dos que participam da atividade de diálogo. Diversos aspectos, como os de natureza sociológica, filosófica, histórica, cultural e econômica, influenciam nesse tipo de atividade, o que provoca nuances de imperfeição nessas novas compreensões que se elaboram sobre a realidade em que se situa o diálogo.

Concordamos com Scheiner (2019), quando identifica a necessidade de assumirmos novos rumos na Educação Matemática, pautados na busca por entendimentos mais críticos e multifacetados que reconhecem a diversidade e a interdependência de estudos teóricos, que em suma refletem a complexidade, a ambiguidade e os conflitos que são vividos por diferentes indivíduos. Assim, identificamos como pertinente uma discussão sobre o diálogo entre a Educação Matemática e a Educação Especial, não em termos de pesquisadores que se identificam em alguma dessas duas áreas, mas, sim, em relação às pesquisas geradas como um entrelaçamento do que é historicamente discutido em cada uma delas.

O que propomos neste primeiro capítulo é a identificação do campo em que se constrói a corrente de significados que flui e atravessa as pesquisas, buscando um entendimento de quais são as novas compreensões que emergem nessa atividade de diálogo e introduzindo uma reflexão crítica e necessária para o amadurecimento de ambas as áreas.

Essas novas compreensões, que se formam, surgem a partir de um diálogo que as pesquisas realizadas por educadores matemáticos estabelecem com a Educação Especial, promovendo o que é sugerido por Cobb (2007): a possibilidade de desenvolvermos uma compreensão mais sensível e crítica de aspectos assumidos como certos em nossas próprias perspectivas de pesquisa na Educação Matemática.

Assim, focando a nossa reflexão em pesquisas realizadas na Educação Matemática, é possível observarmos as novas compreensões que emergem, como o núcleo da atividade de diálogo. Isto é, o que se tem de mais essencial e central em nossa reflexão, e que, por sua vez, concentra-se no ensino e na aprendizagem de matemática em contextos que envolvem estudantes identificados com algumas especificidades, sendo tais especificidades as relacionadas pela Educação Especial, dependendo do momento histórico em que tais contextos se montam no território brasileiro. A fim de fortalecer esse núcleo, existe um campo que constrói uma corrente de significados que nutre esse núcleo e permite o emergir das novas compreensões, sendo este um campo em que se situa um grupo de pesquisadores que juntos cercam o núcleo e se voltam a ele por meio das zonas de inquérito que assumem nas pesquisas desenvolvidas na Educação Matemática. Representamos na Figura 1 esse modelo que assumimos para conduzir a nossa reflexão.

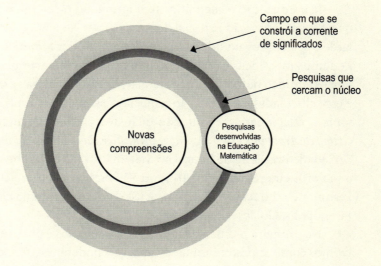

Figura 1: Modelo para identificação do diálogo entre a Educação Matemática e a Educação Especial.

Considerando esse modelo, o que é anunciado pelo educador Paulo Freire nas palavras de abertura deste capítulo, nos motiva a buscar os "elementos constitutivos" do diálogo efetivado nos últimos anos. Essa busca permitiu, assim, uma melhor análise de como o campo, em que se constrói a corrente de significados, molda-se no Brasil, um país que na sua amplitude apresenta uma realidade multifacetada e digna de atenção na nossa análise.

A realidade em que se desenvolveu a Educação Especial em nosso país se constituiu, principalmente, a partir de experiências efetivadas em outros países da Europa e da América do Norte, estabelecendo-se no território brasileiro de maneira mais sistemática a partir do século XIX. Observamos ser muito conveniente a organização didática que Mazzotta (2011) faz no que se refere à evolução da Educação Especial no nosso país, a qual teria se efetivado em dois períodos distintos: um marcado pelas iniciativas oficiais que se somam a outras que são particulares e isoladas (1854-1956) e outro período em que as iniciativas oficiais são estabelecidas no âmbito nacional (1957-1993).

Já a Educação Matemática tem ampliado o seu olhar para as questões da Educação Especial de forma mais sistemática, anos mais tarde e posteriores aos dois períodos destacados por Mazzotta (2011). Podemos identificar como um marco importante na ampliação do olhar científico da Educação Matemática brasileira para as questões e especificidades da Educação Especial, assim como também para tópicos relacionados à educação inclusiva, a criação, em 2013, do *Grupo de Trabalho 13 – Diferença, Inclusão e Educação Matemática* na Sociedade Brasileira de Educação Matemática (SBEM), que realizou a sua primeira reunião em 2015, no VI Seminário Internacional de Pesquisa em Educação Matemática (SIPEM), ocorrido na cidade de Pirenópolis, Goiás (Nogueira *et al.*, 2019a).

Na primeira reunião do *Grupo de Trabalho 13* é possível observarmos como as pesquisas buscavam o que podemos entender como um diálogo mais intenso entre a Educação Matemática e a Educação Especial, já que se concentravam em demandas mais amplas no âmbito das especificidades e questões comumente encontradas no sistema educacional do nosso país.

Esse intenso diálogo é perceptível na organização que Penteado *et al.* (2018) fazem das pesquisas apresentadas no VI SIPEM, classificando-as em categorias que nos remetem a uma conclusão de como a discussão científica na Educação Matemática já estava alcançando diversas dimensões resultantes do movimento de Educação Especial desenvolvido até então no Brasil. As categorias identificadas por Penteado *et al.* (2018) foram: comunicação e linguagem; conteúdo e currículo; professores, conhecimento docente e práticas de ensino; e questionamento do conceito de normalidade.

É importante observarmos que essas pesquisas estavam sendo desenvolvidas alguns anos antes da criação e da ocasião do primeiro encontro do *Grupo de Trabalho 13*, sugerindo que estudos relacionados à Educação Especial já se dinamizavam em diferentes pontos do nosso país. Algumas investigações já realizadas no Brasil indicam, como o momento mais intenso de pesquisas que abordam a Educação Especial no âmbito da Educação Matemática, a primeira década do século XXI. E passaram a se consolidar com mais força ainda na década seguinte, por meio de um aumento significativo de publicações que contemplam tanto especificidades da Educação Especial como tópicos comumente discutidos na educação inclusiva (Penteado; Marcone, 2019; Viana; Manrique, 2019).

Compreendemos essas duas décadas como relevantes na nossa reflexão de como os diálogos se constituem entre a Educação Matemática e a Educação Especial, daí adotarmos uma discussão que considera fundamental o reconhecimento de tais períodos. Antes de refletirmos sobre esses diálogos, apresentamos a seguir uma breve discussão sobre o cenário de pesquisas que se constituiu anteriormente no Brasil.

Um pré-diálogo se forma no Brasil

No 1º Encontro de Educação Especial, ocorrido em 1983 na Faculdade de Educação da Universidade de São Paulo, o Prof. Dr. Klaus Wedell, um dos pioneiros da Educação Especial na Inglaterra, marcou presença com uma palestra onde destacou que, até aquele ano, as pesquisas indicavam que a Educação Especial já tinha passado por três etapas no seu desenvolvimento.

A primeira etapa teria sido caracterizada pelo atendimento proporcionado por diversas agências para crianças com formas muito visíveis de "incapacidade". Em seguida, ocorreu uma etapa em que se concebeu a existência de categorias de deficiência a partir do entendimento de que esta se localiza "dentro" da criança. E a terceira etapa, que estava a se desenrolar naquele momento (década de 1980), é a que concebia as necessidades das pessoas com deficiência como um resultado da interação entre dois elementos, a deficiência que está "dentro" da criança e a que está no ambiente em que a criança está inserida (WEDELL, 1983).

Quando visitamos a história do Brasil, observamos que a primeira etapa identificada pelo Prof. Wedell foi introduzida no país a partir do período do Império no Brasil (1822-1889), com uma ênfase dada à cegueira e à surdez, diferenças mais visíveis e facilmente detectáveis. Essa ênfase foi materializada com a criação de dois institutos no Rio de Janeiro que, apesar de alcançar uma camada privilegiada da sociedade na época em que foram fundados, visavam efetivar a instrução de crianças cegas e surdas (JANNUZZI, 2006; MAZZOTTA, 2011).

Ao analisar as pesquisas realizadas especificamente na Educação Matemática, observamos que as diferenças no âmbito da diversidade humana e que são mais visíveis no espaço educacional brasileiro na década de 1990, começam a constituir uma zona de inquérito entre os educadores matemáticos, ainda que de forma muito tímida. Tal observação permite verificarmos que a primeira etapa do desenvolvimento da Educação Especial no mundo, anunciada pelo Prof. Wendell em 1983, ainda persistia na realidade brasileira na década de 1990, refletindo, assim, nas pesquisas realizadas neste período, e que identificamos aqui como um pré-diálogo entre a Educação Matemática e a Educação Especial.

Na década de 1990 identificamos um momento em que o diálogo não está muito bem estabelecido, no entanto, mesmo que de forma muito tímida, trouxe para o palco de discussão científica as temáticas que se destacavam como questões da Educação Especial, que eram mais visíveis no sistema educacional brasileiro.

Dispositivos nacionais e internacionais, instituídos na década de 1990, foram elementos que motivaram e impulsionaram a existência deste pré-diálogo, como o Estatuto da Criança e do Adolescente

(BRASIL, 1990), a Declaração Mundial de Educação para Todos (UNESCO, 1990) e a Declaração de Salamanca (BRASIL, 1994b). Em cada um deles se fortalecia a proposta de que os estudantes, nas alteridades em que se revelavam, deveriam ser incluídos na escola regular, o que traz como consequência o desafio e a necessidade de ressignificar as práticas do professor.

Destacamos o trabalho acadêmico, que se insere nesse pré-diálogo que se costura, realizado no nível de Mestrado em Educação Matemática e que resultou na dissertação intitulada "Uma proposta alternativa para a pré-alfabetização matemática de crianças portadoras de deficiência auditiva", que, com o objetivo de apresentar uma forma alternativa de intervenção didática, descreve atividades elaboradas e desenvolvidas por seis estudantes com deficiência auditiva (OLIVEIRA, 1993). O trabalho de Oliveira (1993), produzido no Programa de Pós-Graduação em Educação Matemática da Universidade Estadual Paulista Júlio de Mesquita Filho (Unesp) – Campus de Rio Claro, já foi mencionado na literatura científica como um dos primeiros estudos que tratam de Educação Matemática para surdos no Brasil (SOARES; SALES, 2018). Esse é um dos trabalhos que se destacam no momento de primeiras conexões que se formam entre a Educação Matemática e a Educação Especial, pautadas na busca de um maior entendimento dos processos educacionais que se inserem no movimento de inclusão de pessoas com deficiência, proporcionado pelos dispositivos nacionais e internacionais que já citamos.

No final do século XX, podemos identificar estudos que buscam relações com a Educação Especial sendo apresentados em importantes encontros científicos da Educação Matemática (PAULA, 1989; LEME; FRANCISCO; MANZINI, 1991; COSTA, 1993; GAERTNER, 1995; PEREIRA; REZENDE; BARBOSA, 1998). Esses trabalhos refletem indícios da busca por diálogos entre a Educação Matemática e a Educação Especial, que se mostravam pontuais em nosso país.

Nesses estudos, podemos destacar dois grupos de trabalho investigativo: um composto por pesquisas que se relacionavam principalmente com diferenças de natureza sensorial, direcionando os olhares investigativos para a deficiência visual e auditiva, e outro grupo de trabalhos que se ocupava com a deficiência intelectual e as altas habilidades/superdotação.

O grupo de trabalhos relacionados às deficiências visual e auditiva se caracteriza, nessa década, principalmente pelas primeiras interações que buscam com as práticas e os recursos já consolidados na Educação Especial, em instituições especializadas, estratégias que possam ser reproduzidas e apropriadas no ensino de matemática. Um exemplo é o interesse demonstrado em um dos estudos pelo Soroban, um recurso utilizado por alguns estudantes com deficiência visual no desenvolvimento do cálculo (PAULA, 1989).

Nas palavras de Paula (1989), o Soroban é um recurso que, "[…] sendo utilizado normalmente nas escolas vai diminuir a discriminação entre as crianças deficientes e normais, desenvolvendo igualmente seu potencial de cálculo" (p. 311). O que se destaca nessas palavras, e que também ecoa nos outros trabalhos que integram esse grupo de estudos, é a busca de uma aproximação entre o estudante com deficiência de natureza sensorial e o que é concebido como *normal* no sistema educacional.

Essa díade discutida entre *o ser deficiente* e *o ser normal* também se revela no segundo grupo de trabalhos que identificamos no final do século XX, que tratam da deficiência intelectual e das altas habilidades/superdotação. No entanto, as pesquisas que se destacam nesse grupo se ocupam muito mais com questões de natureza curricular, demonstrando esforços para a promoção de uma adaptação do currículo com a eliminação, simplificação ou suplementação dos conteúdos. É o que se destaca, por exemplo, em um dos trabalhos desse grupo de pesquisas, quando se assume como objetivo "[…] apresentar uma programação para o ensino de conceitos básicos para o aluno portador de deficiência mental" (COSTA, 1993, p. 89).

Trata-se do alcance de uma adaptação curricular primariamente definida a partir de um diagnóstico de um laudo médico, e que desconsidera as experiências individuais do estudante no seu percurso particular de estudos na matemática. A prática de adaptação curricular foi motivada por dispositivos importantes na década de 1990, como a Lei de Diretrizes e Bases da Educação Nacional (LDBEN) de 1996 e o caderno de Adaptações Curriculares, que veio a compor os Parâmetros Curriculares Nacionais em 1998 (BRASIL, 1996; 1998). São pesquisas que constituem, como identificaram Viana e Manrique (2018), um processo de *normalização* de elementos que integram o currículo regular, algo viabilizado pela adaptação curricular e que permitiu a alguns estudantes da Educação Especial acessarem o currículo via revisão dos conteúdos e das atividades previstas no sistema regular de ensino.

O pré-diálogo entre a Educação Matemática e a Educação Especial se desenvolveu no final do século XX como um momento inaugural desse tipo de pesquisa entre os educadores matemáticos. No entanto, compreendermos tais pesquisas no panorama histórico em que a Educação Especial estava a se constituir nesse mesmo período é crucial para um melhor entendimento de como o diálogo entre ambas as áreas se consolidou no século atual. Assim, é importante neste ponto da nossa reflexão nos atermos aos paradigmas que se apresentavam nas discussões científicas desse período.

Uma análise importante que devemos fazer ao lermos os trabalhos publicados no final do século XX refere-se ao fato de que uma parte considerável deles reflete quais eram os princípios que regiam a tentativa de um primeiro diálogo entre a Educação Matemática e a Educação Especial, os quais se relacionavam fortemente com o que é conhecido como modelo educacional de *integração*.

O modelo de integração foi criado nos países escandinavos como uma forma de denunciar a desvantagem social que se verificava entre as pessoas com deficiência e se fundamentava em três princípios: a normalização, a setorização e a individualização (GUERRERO, 2012; MENDES, 2006).

A normalização refere-se à aproximação, cada vez maior, que se possibilita à pessoa com deficiência, de uma forma de vida tão "normal" quanto possível. Quanto à setorização, pretendia-se diminuir os gastos públicos com a desinstitucionalização, buscando instituir os serviços básicos de que as pessoas com deficiência necessitavam nos espaços em que estas se encontravam. Já o princípio da individualização diz respeito à constituição de práticas de adequação e flexibilização, considerando as necessidades específicas da pessoa com deficiência (VIANA; MANRIQUE, 2018; GUERRERO, 2012).

Observamos que tais princípios fundamentaram as pesquisas que identificamos como um pré-diálogo, já que são trabalhos realizados com uma proposta de adequação curricular, aproximação dos estudantes com deficiência de uma matemática básica escolar, além de uma atenção voltada para os serviços educacionais oferecidos na instituição especializada.

O modelo de integração reverberou com muita intensidade na década de 1990, apesar de a Declaração de Salamanca (Brasil, 1994b) e educadores brasileiros iniciarem nesta mesma década a motivação por um novo paradigma, o da inclusão (Omote, 1999). O modelo de inclusão tem origem na verificação dos insucessos obtidos com o modelo de integração, gerando a "[...] necessidade de o ensino comum e o ensino especial compartilharem melhor a responsabilidade pela educação de alunos deficientes" (Omote, 1999, p. 5).

Assim, apesar de os princípios que regem o modelo da integração se manifestarem com muita força nos trabalhos que identificamos no final do século XX, é importante nos atentarmos a como o modelo de inclusão também ganhava espaço no diálogo que se constituía entre a Educação Matemática e a Educação Especial na década de 1990. Aspectos como o compartilhar de saberes entre as duas áreas e uma preocupação de natureza didática e pedagógica ganharam espaço de discussão em alguns trabalhos nesse pré-diálogo (Oliveira, 1996; Vargas, 1996), o que possibilitou a existência de diálogos mais consolidados no nosso século.

Enfim, o que percebemos neste momento de pré-diálogo é um sinal de como a Educação Matemática estava disposta, mesmo que de forma ainda tímida, a um possível diálogo com as questões que, até então, eram discutidas majoritariamente pela Educação Especial. Porém, o diálogo ora se fundamentava nos princípios do paradigma da integração, ora no da inclusão, considerando que na década de 1990 houve um momento importante de transição de paradigmas em nosso país.

Primeira década dos anos 2000: um primeiro diálogo se constitui

No início do século XX, tivemos um momento em que identificamos alguns educadores matemáticos se concentrando em uma produção acadêmica que dialogasse com as questões, até então, muito mais discutidas pelos Programas de Pós-Graduação que integram a área da Educação Especial. É um momento de debate e reflexão sobre os tópicos relacionados à Educação Especial internamente na Educação Matemática, deixando de ser uma discussão tímida como foi na década de 1990 ou até mesmo periférica e designada a outras áreas do conhecimento.

Em outras palavras, neste momento, a Educação Matemática protagonizou um espaço de maior atividade e menos passividade diante dos tópicos da Educação Especial. Porém, devemos perceber que tal mudança de posicionamento que visualizamos nas pesquisas desenvolvidas é consequência de uma conjuntura educacional que se formava desde a década de 1990.

Na Lei de Diretrizes e Bases da Educação Nacional (LDBEN), sancionada pela Lei n. 9.394 em 1996, existe um importante avanço na forma como a temática da Educação Especial é considerada no sistema educacional brasileiro. Observamos isso na própria organização textual da lei, em que a Educação Especial é incorporada no sistema educacional, passando a ser tratada especificamente como um dos capítulos que constituem o Título V, intitulado *Dos Níveis e das Modalidades de Educação e Ensino*. Assim como é apresentada no Art. 58 da LDBEN, a Educação Especial passou a ser entendida como uma modalidade da educação escolar, que na transversalidade alcança tanto a educação básica (educação infantil, ensino fundamental e ensino médio) como a educação superior (Brasil, 1996).

O início da primeira década dos anos 2000 se destacou como um momento da história em que esta nova modalidade da educação preconizada na LDBEN é fortalecida por meio de diferentes direitos que foram conquistados pela Educação Especial no âmbito educacional.

Exemplos de tais direitos são: a acessibilidade nos sistemas de comunicação e sinalização para a garantia do direito de acesso à educação (Brasil, 2000); a promulgação da Convenção Interamericana para a Eliminação de Todas as Formas de Discriminação contra as Pessoas Portadoras de Deficiência (Brasil, 2001a); o ensino da Língua Brasileira de Sinais (Libras) como uma parte integrante dos Parâmetros Curriculares Nacionais (PCN) (BRASIL, 2002a); e a aprovação de um projeto sobre a recomendação do uso da Grafia Braille para a Língua Portuguesa em todo o território nacional (BRASIL, 2002b).

É também nessa década que observamos um momento de transição terminológica no Brasil. No Plano Nacional de Educação (PNE), aprovado em 2001, encontramos como uma nomenclatura que passa a ser adotada em diferentes documentos: *pessoas/alunos/educandos com necessidades especiais* (BRASIL, 2001b). Partindo de dados da Organização Mundial de Saúde, o PNE considera que as pessoas podem ter necessidades especiais de diversas ordens, sendo estas: visuais, auditivas, físicas, mentais, múltiplas, distúrbios de conduta e, também, superdotação ou altas habilidades.

No entanto, ao definir as diretrizes da Educação Especial no Brasil, o plano também destaca que esta modalidade é destinada às pessoas com necessidades especiais no campo da aprendizagem, e que podem advir "[...] quer de deficiência física, sensorial, mental ou múltipla, quer de características como altas habilidades, superdotação ou talentos" (BRASIL, 2001b).

Uma prática detectada no PNE como nociva, e que deveria ser eliminada, é o encaminhamento de estudantes com "[...] dificuldades comuns de aprendizagem, problemas de dispersão de atenção ou de disciplina" (BRASIL, 2001b, p. 8) para classes especiais. Esta orientação sugere como, na primeira década dos anos 2000, havia uma preocupação em definir quem era o público-alvo da Educação Especial.

A definição de quem são os estudantes que são beneficiados com a modalidade da Educação Especial é entendida por nós como um dos pontos mais importantes na constituição da Educação Especial na primeira década dos anos 2000, pois possibilitou que as pesquisas resultantes do diálogo entre a Educação Matemática e a Educação Especial se mostrassem com um melhor direcionamento, identificando com mais precisão quem era o público-alvo nos diferentes estudos que ganhavam força neste período.

Assim, como reflexo da dinâmica de dispositivos que se efetivaram em prol das pessoas com deficiência, as pesquisas na Educação Matemática desenvolvidas na primeira década dos anos 2000 também se propuseram a discutir diversos aspectos da Educação Especial. Para isso, foram utilizadas como ponto de partida teorias já bem consolidadas tanto na Educação Matemática quanto em outras áreas do conhecimento, como a teoria sócio-histórica de Lev Semyonovich Vygotsky (1896-1934) (FERNANDES, 2004; ANDREZZO, 2005; FERREIRA, 2006) e a teoria psicogenética de Jean William Fritz Piaget (1896-1980) (ZANQUETTA, 2006), além de programas, abordagens e pressupostos filosóficos, como a Etnomatemática, e a utilização de novas tecnologias, que ancoraram a discussão (LIRIO, 2006; CALORE, 2008; LUIZ, 2008; SALES, 2008; CARNEIRO, 2009; MARCELLY, 2010; PICOLI, 2010).

As pesquisas que identificamos neste período, apesar de representarem avanços significativos na produção de novas compreensões sobre o ensino de matemática no âmbito da Educação Especial, são desenvolvidas por um grupo de educadores matemáticos no Brasil que expressam uma maneira conservadora de fazer pesquisa, assumindo como aporte o que já é consolidado como os principais referenciais teóricos e metodológicos para a produção de pesquisas na Educação Matemática (Figura 2).

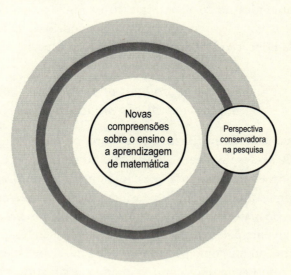

Figura 2: Campo em que se constroem os significados na primeira década dos anos 2000.

Neste diálogo, o que temos é a criação de uma corrente de significados que atravessam pesquisadores que adotam perspectivas distintas, mas que podemos resumir e sintetizar como conservadoras, já que não ousam ampliar o olhar investigativo e se concentram no que já é tradicionalmente consolidado como fundamentação teórica na Educação Matemática em suas diferentes linhas de pesquisa no Brasil.

O que se busca no núcleo dessa atividade de diálogo é o sucesso nos processos de ensino e aprendizagem de uma matemática convencionalmente instituída, mas olhando para contextos de aprendizagem que envolvem estudantes com necessidades específicas, como as que se categorizam na Educação Especial.

Nesta busca, a Educação Matemática se ocupou em articular com as questões da Educação Especial, mesmo que de forma inicial, fundamentando-se em caminhos teóricos, metodológicos e estratégicos já consolidados tanto no campo da Educação Matemática como no da Educação Especial, cenário que amadurece significativamente na década posterior.

A partir da segunda década dos anos 2000, começamos a observar uma ampliação do olhar científico assumido pelos educadores matemáticos, em que se configura um novo modelo de diálogo entre as áreas da Educação Matemática e a Educação Especial.

Segunda década dos anos 2000: novos diálogos são propostos

Foi constatado por Penteado e Marcone (2019) que as pesquisas que se desenvolvem atualmente no terreno da Educação Matemática, e que tratam da questão da inclusão no Brasil, estão cada vez mais direcionadas às possibilidades de experimentação, adaptação de materiais e reflexão filosófica, deixando para trás um "comportamento paternalista" em relação aos estudantes que identificamos atualmente como público-alvo da Educação Especial. Mas, para que compreendamos como o diálogo se constitui a partir da segunda década dos anos 2000, é necessário entendermos quem são tais estudantes atualmente.

Como público-alvo da Educação Especial, seguimos o que é disposto pela legislação brasileira, e que considera como sendo este público os educandos com deficiência, transtornos globais do desenvolvimento e altas habilidades/superdotação (BRASIL, 2011).

Para uma definição de quais são os educandos compreendidos nessa modalidade de educação, consideramos nesta nossa discussão o que é disposto pela Nota Técnica do Ministério da Educação (MEC) n. 04/2014 (BRASIL, 2014), que a fim de definir quais são os estudantes público-alvo da Educação Especial a serem declarados no âmbito do Censo Escolar, entende os três grupos de educandos da seguinte forma:

> I – Alunos com deficiência: aqueles que têm impedimentos de longo prazo de natureza física, intelectual, mental ou sensorial.
>
> II – Alunos com transtornos globais do desenvolvimento: aqueles que apresentam um quadro de alterações no desenvolvimento neuropsicomotor, comprometimento nas relações sociais, na comunicação ou estereotipias motoras. Incluem-se nessa definição alunos com autismo clássico, síndrome de Asperger, síndrome de Rett, transtorno desintegrativo da infância (psicoses) e transtornos invasivos sem outra especificação.
>
> III – Alunos com altas habilidades/superdotação: aqueles que apresentam um potencial elevado e grande envolvimento com as áreas do conhecimento humano, isoladas ou combinadas: intelectual, liderança, psicomotora, artes e criatividade (p. 4).

É importante destacarmos, no que se refere ao grupo dos educandos com deficiência, a possibilidade de ampliarmos um pouco mais a definição dada pela Nota Técnica do MEC n. 04/2014, complementando com a definição que é dada pelo *Estatuto da Pessoa com Deficiência* (BRASIL, 2015). Por esse Estatuto, entende-se como pessoas com deficiência todos os que têm impedimentos de longo prazo de natureza física, mental, intelectual ou sensorial. No entanto, acrescenta afirmando que tais impedimentos de longo prazo se dão na interação com uma ou mais barreiras, podendo obstruir a participação plena e efetiva da pessoa na sociedade em igualdade de condições com os demais.

Dentre os educandos com deficiência podemos destacar os que têm deficiência auditiva, física, intelectual ou visual. Também são considerados neste grupo os educandos com deficiências múltiplas, que é quando existe a associação de duas ou mais deficiências.

Considerando essa definição, as pesquisas que resultam do diálogo entre as áreas da Educação Matemática e da Educação Especial nos últimos anos têm se destacado quantitativamente com um foco nos estudantes com deficiências sensoriais, tais como a deficiência auditiva e visual, e, mais recentemente, as pesquisas que destaquem outros grupos de estudantes considerados como público-alvo da Educação Especial (VIANA; MANRIQUE, 2019).

Apesar disso, não podemos deixar de citar alguns trabalhos que já foram publicados na presente década a fim de contribuir para uma discussão sobre o ensino de matemática em situações que envolvam estudantes com deficiência intelectual (PINA, 2014; MIRANDA, 2014; MORAES, 2017), com surdocegueira (GALVÃO, 2017) ou com deficiências múltiplas (OTONI, 2016).

No que se refere aos educandos com Transtornos Globais do Desenvolvimento (TGD), é importante observarmos que a legislação brasileira de Educação Especial se apoia principalmente em um manual da área da saúde, conhecido como *Classificação Estatística Internacional de Doenças e Problemas Relacionados à Saúde* (CID), que no momento encontra-se na décima edição, conhecida como CID-10, mas que em breve será substituída por outra edição, o CID-11. Atualmente, o CID-10 é o referencial assumido no Brasil para a identificação terminológica de um grupo de estudantes que apresentam transtornos específicos relacionados nesse manual como Transtornos Globais do Desenvolvimento (OMS, 2007), sendo alguns desses estudantes, segundo o CID-10, os que aqui denominamos autistas.

No que se refere aos autistas, no Brasil foi instituída em 2012 a *Política Nacional dos Direitos da Pessoa com Transtorno do Espectro Autista* (BRASIL, 2012), que, por sua vez, entende que as pessoas com tal diagnóstico são consideradas pessoas com deficiência, para todos os efeitos legais. Como reflexo dessa política, o MEC expede em 2013 a Nota Técnica n. 24, um importante dispositivo que orienta os sistemas de ensino a não apenas efetuarem a matrícula dos estudantes com Transtorno do Espectro Autista (TEA), como também a assegurar o acesso aos serviços da Educação Especial (BRASIL, 2013).

É possível que tanto a mobilização política para a inclusão de estudantes autistas como o amparo legal para a matrícula de tais estudantes no sistema regular de ensino tenham propiciado um fenômeno educacional observável na segunda década dos anos 2000: a intensidade acadêmica na realização de pesquisas dirigidas especificamente para estudantes autistas (PRAÇA, 2011; CORDEIRO, 2015; TAKINAGA, 2015; FLEIRA, 2016; VIANA, 2017; NASCIMENTO, 2017; GAVIOLLI, 2018).

Considerando esse novo movimento de pesquisas que reconfigura o diálogo entre a Educação Matemática e a Educação Especial, um comentário se destaca sobre esses estudos que se desenvolvem desde 2011: o amadurecimento nas reflexões e discussões científicas em comparação às pesquisas que se desenvolveram na primeira década dos anos 2000. Viana e Manrique (2018) nos ajudam a entender esta mudança ao investigar quais são as concepções constituídas no Brasil desde a década de 1990 no cenário de pesquisas.

Esses pesquisadores identificaram que uma nova concepção de Educação Matemática na perspectiva inclusiva tem se consolidado no nosso país após a nova LDBEN de 1996, e que aos poucos tem se constituído como uma rede. Trata-se de uma Educação Matemática que, na sua totalidade de linhas de pesquisa e estudo, define a perspectiva inclusiva como uma lente importante para olhar e entender todos os estudantes nas singularidades que são observadas na diversidade humana.

Podemos observar que na segunda década dos anos 2000, o diálogo que se constituiu no território brasileiro entre a Educação Matemática e a Educação Especial tem gerado uma transformação na forma de fazer, entender e pensar sobre as questões da Educação Especial, que agora são, junto a outras questões que se formam sobre grupos historicamente excluídos, amparadas por um guarda-chuva que se consolidou como educação inclusiva.

Podemos observar que na presente década, temáticas como afetividade, gênero, déficit de atenção, hiperatividade e políticas afirmativas são inseridas no que atualmente denominamos no Brasil como Educação Matemática Inclusiva, ganhando espaço nas discussões científicas realizadas nos últimos trabalhos acadêmicos produzidos na área (CARDOSO, 2015; MACÊDO, 2016; SILVA, G. H. G., 2016).

É possível identificar que, atualmente, vivenciamos na Educação Matemática a promoção de novos diálogos que não se prendem a uma postura conservadora de pesquisa como identificamos na primeira década. Mas, constituem-se em uma rede que se tece a partir de diferentes perspectivas de investigação que orbitam em torno do emergir de novas compreensões que, no momento histórico em que estamos, não se concentram apenas ou especificamente no ensino de matemática em contextos que envolvem estudantes que integram a Educação Especial, e sim no ensino de matemática mais equitativo.

O núcleo desse diálogo que se fortalece ao longo dos anos passa, assim, a ser a equidade (Figura 3), promovendo uma Educação Matemática que atua com uma perspectiva inclusiva. Perspectiva essa que resulta das diferentes formas de investigação que orbitam esse núcleo, com o objetivo de alcançar mais equidade no ensino de matemática em diversos contextos de aprendizagem. Agora, considerando a diversidade humana, isso se torna um objetivo que ocupa o centro do discurso científico, que se constitui no diálogo gerado entre as áreas da Educação Matemática e da Educação Especial.

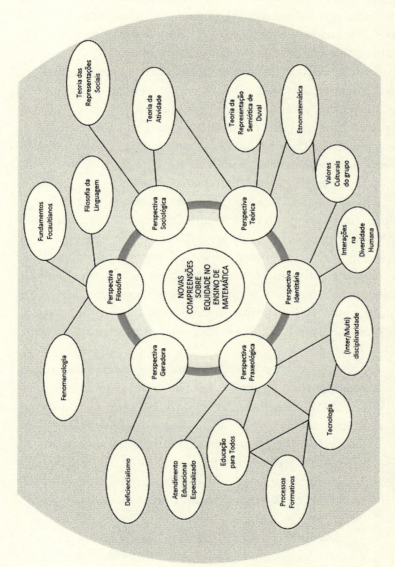

Figura 3: Campo em que se constroem os significados na segunda década dos anos 2000.

Não se trata de uma rede fixa, tal como apresentamos na Figura 3, mas uma rede dinâmica, que se tece conforme as pesquisas se desenvolvem em termos dos diálogos que se fortalecem entre duas áreas inicialmente geradas cada qual com sua história de constituição. Entretanto, coadunam-se na presente década para o mesmo fim: a constituição da equidade no ensino de matemática.

Logo, a rede que apresentamos neste livro é apenas um recorte historicamente pontual de como as pesquisas estão se articulando. Mas, aos poucos, transformam-se e apontam para a definição de novas perspectivas, as quais possibilitam a geração e o fortalecimento do núcleo da atividade de diálogo, em que emergem novas compreensões sobre a equidade no ensino de matemática, e alteram a rede, conforme as pesquisas vão acontecendo.

Alguns dos trabalhos, que se mostram nessa nova atividade de diálogo que se criou nos últimos anos, são os que trazem as perspectivas que identificamos na Figura 3, as quais se unem em prol do que se entende como equidade. Assim, destacamos a seguir alguns dos trabalhos realizados no nível de Mestrado Acadêmico, Mestrado Profissional e Doutorado no território brasileiro que exemplificam como tais perspectivas de investigação estão se constituindo nesta rede que se tece nas pesquisas em Educação Matemática:

- *Perspectiva Filosófica*: uma discussão de nível filosófico, referenciando-se em Michel Foucault (1926-1984) (Massa, 2011; Cordeiro, 2015; Silva, 2017) ou na abordagem fenomenológica de pesquisa (Silva, 2016).
- *Perspectiva Teórica*: uma análise dos diferentes aspectos das deficiências a partir de teorias já consolidadas na Educação Matemática, como a Teoria dos Registros de Representação Semiótica de Raymond Duval (Frizzarini, 2014; Anjos, 2015; Mello, 2015).
- *Perspectiva Sociológica*: um entrelaçar das questões da educação especial com teorias oriundas da Psicologia Social e da Sociologia, como a Teoria das Representações Sociais (Moreira, 2012; Abdalla, 2016; Silva, J. C. G., 2016; Machado, 2017; Paganotti, 2017), ou oriundas da filosofia

clássica e da psicologia histórico-cultural soviética, como a Teoria da Atividade (Guimarães, 2014; Takinaga, 2015).

- *Perspectiva Praxeológica*: uma reflexão sobre as práticas docentes em contextos de aprendizagem constituídos na concepção de uma Educação para Todos, contemplando tanto os educandos da Educação Especial como os que não são (Santos, 2013; Morgado, 2013; Biagini, 2015; Araújo, 2017). Nesta perspectiva ainda há uma contribuição para o mapeamento das aproximações entre os processos formativos e as questões da educação inclusiva a partir de narrativas e identificação de percepções entre os envolvidos no processo (Vasconcelos, 2013; Marinho, 2016; Rosa, 2014; Rosa, 2017). Além disso, podemos ainda encontrar nesta perspectiva uma proposta inclusiva para o ensino de matemática a partir do uso da tecnologia (Prado, 2013; Otoni, 2016; Nascimento, 2017; Salvino, 2017). Por fim, encontramos ainda estudos que se fundamentam na (inter/multi)disciplinaridade (Ferreira, 2014; Petro, 2014; Miranda, 2014; Santos, 2016; Muniz, 2018).
- *Perspectiva Identitária*: um fortalecimento das identidades do grupo de educandos que compartilham uma mesma especificidade a fim de valorizar a cultura desse grupo ou os aspectos que favorecem a sua interação nos ambientes inclusivos (Neves, 2011; Corrêa, 2013; Moreira, 2015; Splett, 2015; Wanzeler, 2015; Batista, 2016; Mendes, 2016).
- *Perspectiva Geradora*: nesta perspectiva existe uma constituição seminal de novas teorias, novas concepções, novas terminologias e novas abordagens sobre o ensino de matemática com uma perspectiva inclusiva (Souza, 2015; Gaviolli, 2018).

Na atividade de diálogo que identificamos na segunda década do século XXI, o campo em que se constrói os significados foi expressivamente ampliado, apontando um amadurecimento da Educação Matemática no que se refere aos tópicos da inclusão e da diversidade. Assim, podemos refletir sobre como as questões e especificidades da Educação Especial, relacionadas às deficiências, aos transtornos e às altas habilidades/superdotação, estão sendo encaminhadas no território brasileiro de forma a articular cada vez mais distintas perspectivas, que no seu conjunto buscam uma Educação Matemática que atue na perspectiva inclusiva em nosso país.

Não desejamos traçar limites cronológicos em nossa discussão, mas o que percebemos é que tínhamos uma Educação Matemática que tratava de maneira periférica as questões da inclusão e da Educação Especial. E que, em um determinado momento, passou a atuar na perspectiva inclusiva, adotando como lente nas suas pesquisas a possibilidade de focar a diversidade humana, uma tendência importante e digna de reflexão no panorama brasileiro.

Capítulo 2

Exercitando o diálogo na prática: a articulação entre professores

Assim como já apresentamos, o desenvolvimento de pesquisas na Educação Matemática com uma perspectiva inclusiva é uma tendência que se insere no cenário brasileiro nos últimos anos. No entanto, pensar em uma tendência que se desenvolve na combinação de diferentes perspectivas de investigação nos transpõe, neste livro, para a busca de uma abordagem prática específica e que resulta do diálogo entre a Educação Matemática e a Educação Especial. Trata-se de uma busca que, de maneira construtiva, integre os diferentes aspectos, por meio de um quadro coerente e abrangente, do ensino e da aprendizagem de matemática, alcançando uma transposição que, segundo Wittmann (1998), mostra-se necessária no âmbito das pesquisas desenvolvidas em Educação Matemática.

Uma das abordagens práticas que desejamos compartilhar neste capítulo e que conversa com essa tendência é a articulação entre o professor que ensina matemática e o professor especialista que atua na Educação Especial, uma dinâmica colaborativa que acreditamos ser essencial na construção de uma proposta didática que visa alcançar a equidade no ensino de matemática.

É comum que o professor especialista em Educação Especial seja denominado no sistema educacional brasileiro como professor de Atendimento Educacional Especializado, isto é, professor de AEE. Mas, antes de entendermos um pouco mais sobre quem é este professor e como se dá a articulação, vamos compreender o que é o AEE no ambiente escolar de educação básica.

Essa reflexão parte da leitura da Carta Magna de nosso país, na qual é previsto como um dos deveres do Estado com a educação a garantia do Atendimento Educacional Especializado (AEE), um atendimento que deve ser preconizado na rede regular de ensino (BRASIL, 1988). No entanto, quais são as implicações do AEE no cotidiano do professor que ensina matemática? Uma possível resposta pode ser encontrada quando nos voltamos para a concepção historicamente desenvolvida deste tipo de serviço no nosso país.

Após seis anos da publicação da Carta Magna do Brasil, que trazia no seu teor a garantia de um serviço de AEE no país, é que temos a criação de uma linha editorial composta por quatro séries e que foi publicada pelo Ministério da Educação (MEC): a *Série Institucional*, a *Série Diretrizes*, a *Série Atualidades Pedagógicas* e a *Série Legislação*. Tais publicações tiveram como objetivo expandir a oferta da Educação Especial no Brasil, bem como dar estímulo às inovações pedagógicas que viessem a contribuir para a melhoria da qualidade do atendimento, por meio da divulgação de textos e informações para atualizar e orientar a prática pedagógica do sistema educacional.

Dessas quatro séries históricas, a *Série Institucional* é digna de comentário no que se refere ao AEE. Uma das preocupações na *Série Institucional* era esclarecer o que é o AEE, buscando uma definição para tal serviço. Assim, uma antiga definição dada para este tipo de atividade em nosso país foi a seguinte:

> O atendimento educacional especializado aos educandos portadores de necessidades especiais no sistema educacional brasileiro enfatiza a investigação das possibilidades do aluno, visando ao desenvolvimento máximo de suas potencialidades. Fundamenta-se, hoje, no modelo pedagógico, em substituição ao modelo médico que tanto interfere na normalização das ofertas educativas e no processo de integração pessoal-social (BRASIL, 1994a, p. 27).

Historicamente, o AEE se constituiu após a publicação da Carta Magna de forma a substituir um espaço que, até então, era ocupado por práticas médicas e distantes das práticas discutidas na educação, e é neste aspecto da definição que desejamos tecer aqui importantes comentários.

O que almejamos enfatizar nesse recorte histórico é a importância que o AEE tem em nosso país como uma atitude educacional com natureza emancipatória, uma natureza que é mais bem compreendida quando percebemos que o AEE se mostra como um serviço a fim de alcançar os estudantes público-alvo da Educação Especial.

Trata-se de nos reconhecermos como profissionais que, assim como outras categorias de profissão, têm suas práticas, técnicas e objetos de conhecimento, que nos são próprios e inerentes, como um saber que é específico e com o qual nos ocupamos como especialistas na área da educação e do ensino.

Não estamos aqui afirmando que todo professor deve ser especialista em Educação Especial, mas, sim, que o professor necessita se especializar na área do conhecimento em que se ocupa nas suas diferentes vertentes, sendo uma delas as práticas docentes propostas diante da diversidade humana. Ao discutir sobre esta diversidade, destacamos que não é um fenômeno pontual ou casual no cotidiano do professor, mas natural e real no contexto da sociedade em que vivemos, que atualmente é marcada pela inclusão de grupos historicamente excluídos dos processos em que se efetivam a educação escolar em nosso país. Isso é atualmente muito pertinente, dado que existem práticas hegemônicas "presentes, diluídas em várias manifestações claramente perceptíveis, embora não possam, com facilidade ou justiça, ser creditadas especificamente a um grupo ou outro" (BICUDO; GARNICA, 2011, p. 79), sendo essas práticas dignas de atenção no cotidiano escolar.

Quando afirmamos a necessidade de se especializar na área do conhecimento de atuação, evocamos uma responsabilidade que não se restringe solitariamente a um professor ou professora em específico de uma determinada área, como a matemática, mas, sim, uma responsabilidade que é compartilhada por todos os professores que atuam na Educação Básica. É o efetivar de um ecossistema, fundamentado na tríade estudo, pesquisa e ensino, proporcionando, favorecendo e aplicando práticas docentes atualizadas e que alcancem os estudantes nas suas particularidades em meio à diversidade humana.

As particularidades dos estudantes se apresentam tanto nas suas necessidades como nas suas potencialidades. E, ao fazermos uma análise mais profunda, podemos concluir que tais particularidades não são novidades no ambiente educacional, já que sempre estiveram presentes nas suas diferentes formas na escola, ainda que, historicamente, apenas muitos séculos depois é que alguns grupos conseguiram acessar o ambiente escolar para receber a tão prometida instrução gratuita.

No campo de discussão que se forma na Educação Especial, essa reflexão se intensifica quando consideramos os estudantes atualmente compreendidos como público-alvo dessa modalidade. Logo, o que cabe ao professor que ensina matemática quando refletimos ou discutimos sobre o AEE? E, ainda, como o professor que ensina matemática participa do oferecimento do AEE?

Essas são algumas das questões que trazemos como mote neste capítulo, buscando assim uma reflexão que gere, nos diferentes contextos escolares, o fortalecimento das diferentes identidades profissionais que se constituem no campo educacional e as necessárias articulações entre tais profissionais.

Entendendo o AEE na atualidade

O atual entendimento sobre o que é o atendimento educacional especializado no Brasil é resultado de um conjunto de dispositivos influenciadores de organismos multilaterais no corpo das formulações das políticas educacionais do nosso país, sendo aos poucos percebido que este atendimento constitui-se como parte diversificada do currículo dos estudantes público-alvo da Educação Especial e que tem como meta apoiar, complementando e/ou suplementando o serviço educacional regular (BRASIL, 1996; 2006a; KASSAR; REBELO, 2013).

Em 2006 foi publicado um importante documento pelo MEC, que já no seu título entende a necessidade de um espaço no ambiente escolar que se pontue como um espaço de referência no oferecimento do AEE: *Sala de Recursos Multifuncionais: espaço para atendimento educacional especializado* (BRASIL, 2006b). Neste documento, o AEE foi caracterizado como um atendimento que se realiza em salas de recursos multifuncionais e que:

> [...] se caracteriza por ser uma ação do sistema de ensino no sentido de acolher a diversidade ao longo do processo educativo,

Exercitando o diálogo na prática: a articulação entre professores

> constituindo-se num serviço disponibilizado pela escola para oferecer o suporte necessário às necessidades educacionais especiais dos alunos, favorecendo seu acesso ao conhecimento. O atendimento educacional especializado constitui parte diversificada do currículo dos alunos com necessidades educacionais especiais, organizado institucionalmente para apoiar, complementar e suplementar os serviços educacionais comuns. Dentre as atividades curriculares específicas desenvolvidas no atendimento educacional especializado em salas de recursos se destacam: o ensino de Libras, o sistema Braille e o Soroban, a comunicação alternativa, o enriquecimento curricular, dentre outros. [...] o atendimento educacional especializado não pode ser confundido com atividades de mera repetição de conteúdos programáticos desenvolvidos na sala de aula, mas deve constituir um conjunto de procedimentos específicos mediadores do processo de apropriação e produção de conhecimentos (p. 15).

A Política Nacional de Educação Especial na Perspectiva da Educação Inclusiva (PNEE), implantada em 2008 no Brasil, considerou por sua vez que o AEE é realizado no âmbito da Educação Especial, isto é, como uma das ações dessa modalidade de ensino no âmbito da transversalidade. E deve ser garantido aos estudantes público-alvo da Educação Especial, tendo como função: "[...] identificar, elaborar e organizar recursos pedagógicos e de acessibilidade que eliminem as barreiras para a plena participação dos estudantes, considerando suas necessidades específicas" (BRASIL, 2008, p. 11).

Atualmente, o AEE é pensado, na atual conjuntura educacional brasileira, como uma das práticas concebidas pelas escolas no nosso país, que, no seu âmago, caracteriza-se como um serviço organizado pela ciência e coparticipação de todos os membros da equipe escolar (BRASIL, 2009), o que nos direciona a perceber o quanto a participação do professor que ensina matemática no oferecimento deste serviço é uma prática que necessita ser estimulada no Brasil.

Porém, a terminologia adotada para nomear este serviço já sugere a necessidade de uma especialização. Quando o AEE é terminologicamente situado como um serviço especializado, observa-se a necessidade da presença de um especialista no seu oferecimento.

Essa observação é esclarecida na LDBEN, que assegura para o oferecimento do serviço de AEE "[...] professores com especialização adequada em nível médio ou superior, para atendimento especializado, bem como professores do ensino regular capacitados para a integração desses alunos nas classes comuns" (BRASIL, 1996, art. 59, III).

É neste entendimento que o serviço de AEE é protagonizado em boa parte das redes de ensino do país por um professor especialista, geralmente com um grau de Pós-Graduação *Lato Sensu*, e que podemos denominar como professor de AEE.

O professor de AEE é, atualmente, o professor responsável em organizar e efetivar as atividades realizadas com os educandos público-alvo da Educação Especial na Sala de Recursos Multifuncionais (SRM). No entanto, um exercício que temos observado em algumas redes de ensino do país é que o AEE pode ser compreendido como um atendimento que não está restrito à SRM e às práticas do professor de AEE. Isso nos provocou um olhar mais amplo, identificando como as atividades desenvolvidas em outros espaços da escola fortalecem o AEE, e contribuem para a viabilização de práticas mais inclusivas e menos excludentes no ambiente educacional. Aqui está a importância do professor que ensina matemática nesse debate!

É com este olhar que nos direciona para outros espaços e tempos do processo educacional e que não se restringe ao professor de AEE que podemos citar como exemplo a prática instituída pela *Política Paulistana de Educação Especial, na Perspectiva da Educação Inclusiva de 2016* na rede municipal de ensino da cidade de São Paulo. Nessa política, o AEE é definido como um serviço que pode ser organizado na forma do contraturno do turno regular de estudo e na forma que ficou denominada como colaborativa. Nessa política, o AEE é "[...] desenvolvido dentro do turno, articulado com profissionais de todas as áreas do conhecimento, em todos os tempos e espaços educativos, assegurando atendimento das especificidades de cada educando e educanda [...]" (SÃO PAULO, 2016, art. 23).

Compreendemos e concordamos que o AEE é um serviço que se protagoniza na SRM e é potencializado pelo professor de AEE, no entanto, observamos que o professor que ensina matemática é um profissional que pode contribuir muito na construção desse cenário educacional. Corrobora essa nossa observação a Resolução n. 4/2009 do Conselho Nacional de Educação, em que é proposta a elaboração de um Plano de AEE, que inicialmente é uma das competências do professor de AEE, mas que deve ser elaborado "[…] em articulação com os demais professores do ensino regular, com a participação das famílias e em interface com os demais serviços setoriais da saúde, da assistência social, entre outros necessários ao atendimento" (BRASIL, 2009, art. 9).

Logo, partindo do que é instituído nessa resolução como uma "articulação" é que passamos neste capítulo a refletir sobre a importância da articulação entre o professor que ensina matemática e o professor de AEE, sugerindo caminhos que viabilizem uma atuação colaborativa e com o objetivo de alcançar um contexto de aprendizagem inclusivo no que se refere ao ensino da matemática.

Articulando com o Professor de AEE

A articulação com o professor de AEE, da qual estamos tratando aqui, não se trata de apenas alguns encontros realizados de maneira pontual no início do ano letivo ou em momentos que, diante de uma ocorrência, exige uma intervenção conjunta tanto do professor que ensina matemática como do professor de AEE.

O que apresentamos como proposta de articulação é o trabalho conjunto e contínuo entre o professor que ensina matemática e o professor de AEE, apoiando-se nos seguintes pilares: avaliação, planejamento e proposição de estratégias.

Trata-se de um trabalho conjunto e colaborativo e que pode ser sistematizado e denominado de diferentes formas pelas redes de ensino no Brasil. No entanto, cabe ao professor verificar como a proposta que aqui apresentamos poderia ser, mesmo que de forma adaptada, viabilizada no seu cotidiano como docente.

A seguir, apresentamos uma discussão sobre cada um dos três pilares que sustentam esta dinâmica pedagógica tão importante e necessária para a construção de um contexto inclusivo de ensino e aprendizagem de matemática.

Avaliação

A avaliação é um pilar importante na articulação, já que, além de se constituir como uma das primeiras ações no período letivo, deve ser realizada continuamente e ao final dessa etapa, indicando quais foram os sucessos e insucessos nos procedimentos didáticos.

Dentre os diferentes procedimentos avaliativos, destacamos aqui a avaliação que além de ser a primeira a ser realizada no período letivo, a fim de sondar as necessidades e potencialidades do estudante público-alvo da Educação Especial, pode também ser apresentada como um exemplo de fluxo procedimental, fundamentando outros procedimentos de natureza didática que venham a ocorrer durante o período letivo. Portanto, nos ateremos a esta avaliação inicial na nossa reflexão.

A primeira avaliação, que deve ser pensada pelo professor que ensina matemática junto com o professor de AEE, é a que ocorre no início do período letivo, e que tem como proposta identificar as necessidades e potencialidades específicas do estudante.

No que se refere a essa primeira avaliação, poderíamos nos ocupar aqui em uma discussão sobre a avaliação que deve acontecer tanto no âmbito do contexto educacional como no da família, no que se refere a identificação de necessidades específicas do estudante, assim como já indicado na literatura (BRASIL, 2006c; OLIVEIRA; OMOTE; GIROTO, 2008).

No entanto, focamos nossa reflexão no âmbito do estudante público-alvo da Educação Especial em uma determinada situação em que se efetiva o ensino e a aprendizagem de matemática. Assim, passamos a refletir a articulação efetivada nesse contexto.

O professor que ensina matemática tem um papel importante nessa articulação, pois, junto com a equipe docente que se responsabiliza em acompanhar a turma ou grupo de estudantes, compartilha nesse momento de interação com o professor de AEE quais são os objetivos gerais definidos pela comunidade escolar e previstos no currículo ou plano de ensino.

Partindo dos objetivos gerais que foram previstos, o professor de AEE, por sua vez, pode contribuir com um olhar mais sensível para pensar quais seriam as habilidades básicas que poderiam ser enumeradas para se efetivar uma avaliação, a fim de identificar necessidades e potencialidades frente a tais objetivos.

Uma descrição de quais são as individualidades no processo de escolarização do estudante é um aspecto importante e que pode ser concebido na articulação, favorecendo um planejamento mais direcionado às reais necessidades e potencialidades que venham a ser identificadas na avaliação. Assim, com os objetivos gerais definidos, é possível que o professor que ensina matemática e o professor de AEE pensem em indicadores que possam ser relacionados no processo de avaliação.

A forma como o estudante será avaliado para identificar as necessidades e potencialidades é um ponto a ser discutido durante todo o fluxo de articulação, sendo muito importante que ambos os professores compartilhem suas experiências para que as melhores formas e atividades de avaliação sejam selecionadas para aplicação.

Seguimos, assim, com uma síntese do fluxo em que se dá a avaliação para identificação das necessidades e potencialidades conforme refletimos (Figura 4), não esquecendo que o modelo não é estático, mas dinâmico e continuamente ativo durante o período letivo. Apresentamos o fluxo apenas para fins didáticos de entendimento do que expomos até aqui, mas ele é flexibilizado segundo as possibilidades pedagógicas da escola ou rede de ensino.

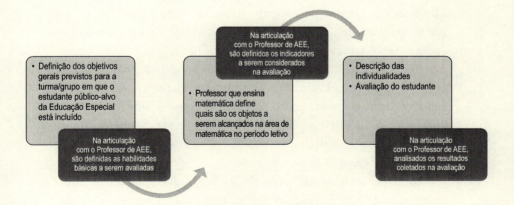

Figura 4: Sugestão de fluxo para identificação das necessidades e potencialidades do estudante.

Considerando esse fluxo de avaliação no início do ano letivo, compartilhamos uma experiência de articulação efetivada em uma das escolas públicas localizadas na cidade de São Paulo, entre um professor de matemática e um professor de AEE a fim de avaliar as necessidades e potencialidades de um estudante autista matriculado em uma turma de 6º ano do ensino fundamental. Esse estudante apresentava naquele momento uma comunicação limitada a gestos e a utilização de diversas imagens coladas em uma agenda pela sua mãe (banheiro, fruta, coração, um rosto chorando...), que o estudante utilizava apontando e mostrando para os professores, a fim de criar um elo de comunicação que permitisse expressar os seus desejos e sentimentos.

Na articulação, o professor de matemática expressava uma acentuada preocupação, pois o estudante não fazia registros utilizando caderno e lápis, mas se mantinha concentrado olhando por várias horas os registros que eram realizados na lousa durante a aula.

Após uma discussão sobre quais eram os objetivos gerais previstos naquele ano, ambos os professores concluíram que algumas habilidades básicas, que ainda se mostravam como um ponto de interrogação nas primeiras aulas de matemática, eram: (1) ler e escrever números naturais; (2) identificar e utilizar símbolos matemáticos operatórios; e (3) identificar e utilizar o símbolo de "=" para a distinção entre dois membros em uma relação de igualdade matemática. Assim, o professor de AEE sugeriu a elaboração de uma lista de indicadores que permitisse identificar o nível de desenvolvimento dessas habilidades no estudante em questão.

Na articulação foram relacionados como indicadores para cada uma das habilidades básicas: (1a) o estudante identifica os algarismos tanto na forma impressa como cursiva; (2a) o estudante reconhece o significado aritmético do símbolo "+"; e (3a) o estudante reconhece o significado matemático do símbolo "=" e o percebe corretamente na relação de igualdade matemática.

Considerando as individualidades do estudante, no que se refere à utilização de material escolar e de comunicação, o professor de matemática com o professor de AEE criaram uma atividade a ser realizada a fim de efetivar uma avaliação que permitisse identificar as habilidades básicas inicialmente relacionadas na articulação. Considerando que essa avaliação era fundamental tanto para o desenvolvimento de atividades nas aulas de matemática como na organização e planejamento do AEE, que seria conduzido durante o ano letivo, foi definido como o momento de realização da atividade avaliativa um dos encontros que o estudante tem com o professor de AEE na SRM.

Os recursos utilizados foram: algarismos e símbolos matemáticos de plástico, cartelas com figuras que representam animais e cartelas-resposta que eram de um tamanho maior e apresentam de forma não ordenada os algarismos de 1 a 5 registrados de forma cursiva. O professor organizava esse material sobre a mesa de maneira a expressar uma situação aritmética extraída de uma história fictícia. Cada organização contempla uma história e uma situação de cálculo aritmético simples.

Na terceira organização realizada pelo professor durante a avaliação, conforme o material era apresentado ao estudante e colocado sobre a mesa, o professor contava uma história de uma lagoa onde existiam três patos pela manhã, sendo que, ao entardecer, foram vistos mais dois patos nessa mesma lagoa. Ao final da história, o professor apresenta uma cartela-resposta com os algarismos de 1 a 5 e pergunta ao estudante: E agora? Quantos patos existiram na lagoa da nossa história?

Ao perguntar, o professor entregava uma cartela com o símbolo de igualdade "=", esperando que o estudante a colocasse entre os algarismos de plástico e a cartela-resposta. Nessa organização apresentada na Figura 5, o estudante colocou a cartela com o sinal de igualdade não como se esperava, mas em cima do algarismo 5 da cartela de resposta.

Figura 5: Organização do material utilizado na avaliação.

Nessa avaliação, os professores concluíram que o estudante que não utilizava papel e lápis, como os demais da sua turma, demonstrava ter habilidades básicas relacionadas no início da articulação, no entanto, outras atividades e verificações eram necessárias para alcançar uma avaliação mais clara quanto à utilização correta do símbolo de igualdade em uma relação matemática. Em suma, a avaliação foi pertinente para o trabalho de ambos os professores, mas se relaciona fortemente com outros momentos de avaliação que seriam realizados durante o ano letivo e que permitem verificar avanços no processo de aprendizagem de matemática de forma mais pontual e qualitativa.

Uma das possibilidades é que nessa articulação se tenha como produto pautas de observação que permitam registrar o grau de desenvolvimento das habilidades que se enumeraram como básicas diante dos objetivos definidos, como aqueles a serem alcançados durante o período letivo.

Após a criação dos instrumentos de avaliação na articulação, deve-se proceder com a avaliação do estudante a fim de conhecer o nível de desenvolvimento das habilidades básicas definidas, os indicadores atendidos e como esses se relacionam com suas individualidades.

Após a avaliação do estudante, é essencial que o professor que ensina matemática e o professor de AEE articulem, com um olhar conjunto, as informações que foram coletadas na avaliação, analisando os resultados alcançados pelo educando. Assim, poderão conhecê-lo com mais exatidão, o que possibilitará a elaboração de planejamentos mais claros e factíveis na escola.

Planejamento

Um dos documentos, que reflete a articulação entre o professor que ensina matemática e o professor de AEE, é o que podemos denominar como Plano de Atendimento Educacional Especializado, mas que também pode ser conhecido como Plano de Desenvolvimento Individual.

A proposta é que, a partir da primeira avaliação realizada para identificação das necessidades e potencialidades do estudante público-alvo da Educação Especial, seja elaborado de forma conjunta, envolvendo a equipe de professores e não apenas o professor que ensina matemática e o professor de AEE, em um planejamento que contemple quais serão as ações a serem executadas no âmbito do AEE para o estudante.

É importante destacarmos que o plano é individual e é um documento reconhecido por diferentes dispositivos legais como parte da Educação Especial (BRASIL, 2006b; 2009; 2010a).

O professor que ensina matemática pode, em articulação com o professor de AEE, contribuir muito na elaboração desse plano, indicando de que forma as atividades que serão conduzidas, tanto na SRM como em outros espaços e tempos, poderão auxiliar sua prática cotidiana com o estudante.

O exemplo de uma situação em que o planejamento se efetiva é quando o professor de matemática apresenta quais são os recursos tecnológicos previstos em suas aulas para o professor de AEE. É comum que os profissionais da Educação Especial conheçam acessórios que podem ser conectados nos diferentes dispositivos, como computador e celular, e quando este é informado de quais são os *softwares* e aplicativos que serão utilizados nas aulas de matemática, por exemplo, existe a possibilidade de os dois professores pensarem juntos em atividades e estratégias que potencializem a participação dos estudantes público-alvo da Educação Especial nas aulas de matemática, as quais estarão previstas no Plano de AEE do estudante.

Nesse Plano é importante que sejam descritas quais serão as estratégias propostas durante o período letivo, organizando e facilitando o desenvolvimento educacional do estudante público-alvo da Educação Especial, daí a indicação do planejamento como um dos pilares que sustentam a articulação em que nos debruçamos neste capítulo.

Proposição de estratégias

A proposição de estratégias é outro pilar que consideramos fundamental na articulação entre o professor que ensina matemática e o professor de AEE. No entanto, dentre as possibilidades de estratégias, nos ocupamos aqui em apresentar uma com a qual temos nos dedicado em nossas pesquisas e que tem se mostrado promissora no campo das articulações em contextos educacionais inclusivos: as atividades prévias.

As atividades prévias já eram difundidas no Brasil na década de 1990 no caderno de Adaptações Curriculares, um material que complementou o conjunto dos Parâmetros Curriculares Nacionais (PCN) em 1998, com a meta de fortalecer a concepção de escola integradora defendida pelo MEC após a recém-instituída nova LDBEN. Apesar de ser um documento que, na atual conjuntura, está desatualizado e superado em algumas concepções e terminologias, observamos que alguns tópicos podem ser explorados e revisitados, mesmo atualmente, pela Educação Matemática.

No que se refere aos procedimentos didáticos adotados pelos professores, o caderno de Adaptações Curriculares dos PCN anunciou como uma das possibilidades a "[...] introdução de atividades prévias que preparam o aluno para novas aprendizagens" (BRASIL, 1998, p. 37). As atividades prévias, assim como foi sugerido nos PCN, têm como principal meta preparar o estudante para novas aprendizagens, mas o que significa tal preparação?

É comum que todo estudante, ao iniciar os estudos na área de matemática em qualquer ano/série/ciclo, participe de momentos que protagonizam novidades nos conteúdos, nos procedimentos de estudo, nas rotinas, ou novas formas de se entender um mesmo conteúdo. Em contrapartida, os que têm deficiência, transtorno ou altas habilidades/superdotação possivelmente apresentarão dificuldades, que dentre inúmeras, advém da ausência ou fraca consolidação de conteúdos que se caracterizam como necessários para o que será estudado. Outra possibilidade é que esses estudantes considerem "as novidades" apresentadas na aula de matemática como de fácil e rápida realização, o que comumente ocorre com estudantes com altas habilidades/superdotação.

Diante de tais dificuldades, observamos que estudantes público-alvo da Educação Especial podem ser beneficiados a partir do momento que o professor que ensina matemática viabiliza, de forma articulada com o professor de AEE, atividades que os preparem especificamente para o que se pretende desenvolver com o grupo ou turma em que este está incluído.

É importante que pensemos nas "novas aprendizagens" para as quais o estudante é "preparado" por meio das atividades prévias, não como simplesmente novos conteúdos, apesar de ser o que mais se destaca neste tipo de estratégia, mas também novos procedimentos de estudo, novas rotinas ou qualquer outro elemento que se caracterize como novidade para o estudante público-alvo da Educação Especial na aula de matemática.

O que entendemos aqui como atividades prévias também não pode ser confundido com atividades de natureza substitutiva, ou até mesmo atividades distantes do ano/série/ciclo em que o estudante está matriculado e área do conhecimento que está sendo estudada em determinado momento de sua rotina escolar.

Outro detalhe que desejamos esclarecer sobre as atividades prévias é que elas não se constituem estratégias que devem ser adotadas com qualquer estudante público-alvo da Educação Especial, já que nem todos seriam beneficiados por elas.

O que define se a estratégia de atividades prévias deve ser viabilizada, não é ter uma determinada deficiência, transtorno ou alta habilidade/superdotação, mas, sim, um estudo de caso individual em que tanto o professor que ensina matemática, o professor de AEE e todos os demais envolvidos no processo de escolarização de determinado estudante devem, juntos, verificar as necessidades e potencialidades do educando, avaliando a viabilidade ou não, assim como a idealização da estratégia.

Também precisamos considerar que a estratégia de atividades prévias não é uma garantia de sucesso nos procedimentos didáticos, pois cada estudante tem condições pessoais que compõem uma dimensão de análise muito importante na avaliação, e esta estratégia, assim como qualquer outra, deve mesmo que depois de iniciada a sua efetivação, ser avaliada de tempo em tempo para que se perceba o seu sucesso ou não.

Na figura 6 apresentamos um exemplo de atividade prévia elaborada em uma articulação que ocorreu entre um professor pedagogo e um professor de AEE e que visava preparar um estudante com deficiência intelectual, matriculado no 3º ano do ensino fundamental para as aulas que envolviam operações matemáticas diversas. Os professores definiram na articulação fornecer, 10 minutos antes do início desse tipo de atividade, massinha de modelar, cartelas com algarismos escritos na forma cursiva e algarismos de plástico, a fim de que o estudante colocasse abaixo de cada algarismo da cartela a bolinhas feitas com a massinha de modelar na quantidade indicada pelo algarismo acima. Em seguida, deveria colar os algarismos de plástico em cima de cada algarismo correspondente escrito na cartela.

Figura 6: Material disponibilizado como atividade prévia nas aulas de matemática.

É importante destacarmos que, com uma perspectiva inclusiva, o professor pedagogo, após intensas reflexões sobre equidade e o real significado da educação inclusiva, havia observado a existência de necessidades educacionais específicas em vários estudantes da turma, o que o direcionou à idealização de diferentes atividades

Exercitando o diálogo na prática: a articulação entre professores

que preparavam os estudantes para aquelas envolvendo operações matemáticas.

Assim, a organização didática adotada era disponibilizar previamente as diferentes atividades para a turma em estações de trabalho, podendo os estudantes escolherem as que desejavam fazer no dia. Inicialmente, era proposta ao estudante com deficiência intelectual a atividade prévia pensada na articulação com o professor de AEE, mas, caso tivesse interesse, poderia realizar as outras atividades disponibilizadas nas estações nesse período de 10 minutos previsto na aula.

Concordamos que idealizar e planejar atividades prévias não é uma tarefa de fácil execução, já que exige um olhar mais minucioso dos processos didáticos. No entanto, acreditamos que exercícios com a exploração de recursos diversos e a identificação de caminhos alternativos de utilização de um mesmo recurso em uma atividade são importantes e fortalecem essa prática entre os docentes. É com esse propósito que o Grupo de Pesquisa *Professor de Matemática: Formação, Profissão, Saberes e Trabalho Docente*, da Pontifícia Universidade Católica de São Paulo, realiza ciclos de encontros com professores, a fim de discutir o ensino de matemática com uma perspectiva inclusiva.

A realização desse exercício com os professores se destaca não apenas como algo a ser realizado na relação entre universidade e escola, mas também estimulado em momentos de trabalho coletivo dentro das escolas. Reuniões com esse propósito no ambiente escolar, contemplando as especificidades dos estudantes, são encorajadas para que os professores potencializem suas práticas.

A estratégia das atividades prévias, que temos vivenciado em algumas situações de articulação, pode ser compreendida como atividades que são produzidas em três momentos distintos, que não são limitados temporalmente, mas que linearizam um caminho de articulação importante.

1º Momento

As atividades não estão prontas para serem extraídas de alguma fonte, mas são geradas a partir de um momento essencial de muita conversa entre o professor que ensina matemática e o professor de AEE. Este é o primeiro e crucial momento na produção destas atividades!

É necessário citarmos que, se for possível a participação de mais um profissional nesta conversa, esse momento da produção das atividades prévias será muito mais rico, pois os múltiplos olhares viabilizam cada vez mais uma aproximação das reais possibilidades na estratégia.

Neste primeiro momento, a comunicação não se restringe a apresentações de pontos de vista, mas junto à interação dialógica entre os professores deve haver a exploração de diferentes recursos e propostas de materiais, que ambos os professores tenham providenciado para discussão nesse momento.

Por exemplo, o professor que ensina matemática pode contribuir para esse momento trazendo recursos que lhes são comuns e mais conhecidos por serem mais íntimos da área de matemática, como material dourado, escala *cuisinaire*, ábaco, plataformas e aplicativos de matemática. Já o professor de AEE tem a possibilidade de apresentar recursos e materiais que comumente são produzidos e utilizados na Sala de Recursos Multifuncionais.

Essa troca de experiências e saberes pode ser registrada, por exemplo, em uma Ficha de Anotações que possa ser utilizada em outros momentos de articulação durante o ano letivo e em anos posteriores, para um acompanhamento mais alinhado ao percurso do estudante. No Quadro 1, apresentamos um exemplo de ficha que poderia ser utilizada nesse primeiro momento.

Antecedente	Recursos e estratégias utilizadas no AEE	Recursos e estratégias utilizadas na aula de matemática	Intervenções Possíveis	O que mantém?
Anotar aqui observações sobre como tem se constituído o percurso do estudante até o momento na escola. Anotações relacionadas especificamente sobre como o ensino e a aprendizagem de matemática ocorrem na escola e na turma de estudantes, são elementos importantes aqui!	*Registrar quais são os recursos e as estratégias utilizadas pelo professor de AEE. Esses recursos e estratégias geralmente são identificados na tecnologia assistiva e nos materiais idealizados e confeccionados para serem utilizados nas atividades realizadas na SRM.*	*Registrar quais são os recursos e as estratégias comumente utilizadas pelo professor que ensina matemática na turma onde o estudante público-alvo da Educação Especial está matriculado. Sejam materiais manipulativos, softwares, aplicativos ou livros, é importante que sejam identificados e relacionados aqui para que, em futuros momentos de articulação, algum professor possa refletir sobre a prática didática.*	*Após um diálogo intenso com a apresentação de cada um dos recursos, é importante que sejam definidas possibilidades de intervenção didática, adaptação de algum dos recursos ou estruturação de uma atividade, utilizando alguns desses recursos, de maneira a proporcionar procedimentos mais adequados ao que o estudante necessita no momento.*	*Alguns dos recursos e algumas das estratégias e atividades até então identificadas podem ser repensadas após esse momento de articulação. O diálogo com a troca intensa de saberes promove um espaço em que recursos e estratégias podem ser revisitados, reformulados e adaptados, de maneira que alcancem não apenas o estudante em questão, mas também outros estudantes da turma. Registrar aqui o que mantém se mostra como um acordo didático importante.*

Quadro 1: Exemplo de Ficha de Anotações.

Neste momento, é crucial que ambos os professores se desprendam de todo o conhecimento que já tenham sobre o recurso e experienciem um diálogo de "redescoberta" do material, anotando todas as ideias e observações que tenham feito.

2º Momento

O segundo momento caracteriza-se na definição das atividades prévias. O professor que ensina matemática e o professor de AEE devem, a partir das observações e anotações que realizaram no 1º Momento, definir qual ou quais serão os recursos e as atividades promissores para o estudante em questão. Porém, deve-se ter um olhar que não saia dos objetivos propostos no Plano de AEE que está sendo seguido durante o período letivo.

A partir da identificação de tais recursos, os professores estarão organizando um cronograma de aplicação das atividades prévias, isto é, determinação de quando o estudante estará realizando tais atividades, não perdendo o foco que elas possuem: prepará-lo para uma nova aprendizagem.

O cronograma pode prever a realização de uma atividade prévia, sendo aplicada uma determinada quantidade de vezes, ou até mesmo um conjunto de atividades prévias, que serão aplicadas dependendo do tipo de preparação que se deseja efetivar. No entanto, não podemos esquecer que as atividades prévias sempre terão como alvo a preparação do estudante.

Nas práticas já consolidadas no âmbito da Educação Especial, é muito comum essa "preparação" dos estudantes por meio de diferentes materiais e estratégias, como a prática de antecipação. A prática de antecipação é alinhada para preparar o estudante, categorizando-se claramente com o que aqui estamos propondo como atividades prévias. Daí a importância de o professor de AEE, com sua experiência na idealização de práticas de antecipação, participar dessa articulação, contribuindo quando possível e necessário com tais propostas.

A fim de exemplificar como esse momento é rico, apresentamos na Figura 7 um material utilizado pelo professor de AEE com um estudante autista que, na ocasião, estava matriculado no 3º ano do ensino fundamental. O material consiste em exercitar, por meio do pareamento, os símbolos que utilizamos como algarismos. Após o professor pedagogo conhecer o material durante a articulação, foi definido como possibilidade utilizar o material também nas aulas de matemática, como uma atividade prévia três vezes por semana e antes da proposição de exercícios de cálculos aritméticos.

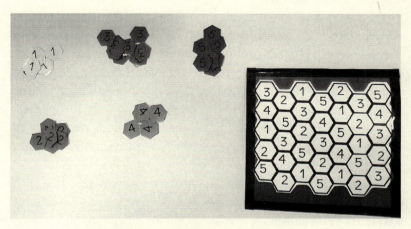

Figura 7: Material confeccionado no âmbito do AEE.

Existem diferentes possibilidades de se pensar nesse cronograma de aplicação em termos de temporalidade e espaços em que ocorre, no entanto, cabe aos professores junto aos demais envolvidos no processo de escolarização identificar qual seria a melhor estrutura de tal cronograma. Alguns exemplos podem ser utilizados para explorar possibilidades no início da semana, para que o estudante identifique uma semana atípica de estudos e atividades que acontecerão na escola, antes de aulas que se concentram em tópicos específicos no estudo da matemática e previstos na rotina da turma ou antes de realizar uma atividade utilizando um novo recurso.

3º Momento

O último momento do processo de elaboração de atividades prévias se constitui no desenho de aplicação, sendo essa a etapa em que a experiência do professor que ensina matemática com o grupo de estudantes em específico, em que o estudante público-alvo da Educação

Especial está matriculado, se torna crucial para a finalização do processo de elaboração.

O que propomos é a realização do desenho de aplicação, que consiste em se pensar como será organizada a dinâmica do momento pontual em que se propõe a realização da atividade prévia com um determinado estudante.

Isso significa que se deve pensar em quais seriam as atividades, que segundo as necessidades pontuais do grupo de estudantes como um todo, poderiam ser propostas simultaneamente para a turma. Com a finalidade de alcançar um momento de exercício pedagógico, o professor pode pensar em atividades que se apresentam como uma forma de superar dificuldades de aprendizagem, uma recuperação de conteúdo, uma revisão de um assunto já estudado ou outro tipo de exercício que o professor que ensina matemática observe como pertinente no momento.

Neste desenho de aplicação é possível pensar nas diferentes formas de organização do grupo de estudantes, criando-se tanto atividades personalizadas, que alcancem a necessidade de cada um deles, como diversas, realizadas por grupos ou estações de trabalho com diferentes atividades e com os estudantes fazendo o que nas metodologias ativas de aprendizagem comumente é denominado de rotação por estações.

Um exemplo seria a utilização do que é definido como atividade prévia não apenas com o estudante público-alvo da Educação Especial, mas também com toda a turma, dinamizando uma prática de metodologia ativa de aprendizagem que poderia se efetivar com estações de trabalho. Nas estações, considerando um tempo acordado com a turma, poderia ser disponibilizado o que é definido como atividade prévia para que os estudantes em grupos de trabalho explorem as atividades. Com certeza a organização pedagógica da escola é fundamental para que propostas como a apresentada nesse exemplo se efetivem adequadamente.

É importante observar que este momento permite a geração de um contexto de aprendizagem inclusivo, já que não apenas as necessidades de um estudante em específico estarão em xeque, mas as necessidades dos demais também estarão sendo consideradas nesse momento.

Exercitando o diálogo na prática: a articulação entre professores

O que observamos como um ponto positivo nesse momento do processo de elaboração da atividade prévia é, além da criação de um contexto inclusivo de aprendizagem de matemática, a dinâmica que é proporcionada ao professor que ensina matemática, no que se refere a ampliar o seu repertório profissional como docente imerso no exercício da sua função com uma perspectiva inclusiva.

Reconhecemos que os diferentes contextos em que se inserem as instituições de ensino no Brasil exigem um olhar cuidadoso para o que trazemos como propostas e sugestões para a articulação. No entanto, desejamos, a partir do que aqui apresentamos, instrumentalizar os professores que ensinam matemática para uma atuação que se aproxime do que observamos no capítulo 1 como tendência na Educação Matemática.

Desejamos que professores e pesquisadores sejam instigados a refletir, ressignificar e promover práticas docentes que venham a convergir cada vez mais para um fenômeno real no sistema educacional brasileiro: a diversidade humana. Considerando o que foi aqui apresentado, as propostas postas para aplicação, reformulação ou análise não são perfeitas e acabadas, mas refletem experiências de sucesso observadas tanto em ações de formação continuada como em situações reais de articulação entre o professor que ensina matemática e o professor de AEE na presente década.

Capítulo 3

Discussões que ainda precisamos amadurecer no diálogo

Neste capítulo nos reservamos a tecer comentários sobre especificidades da Educação Especial que passaram a ser exploradas recentemente no diálogo que se tece entre ela e a Educação Matemática em termos de investigação científica.

Compreendemos este capítulo como um alerta para que todos nós, educadores matemáticos, possamos observar questões que estão presentes no cotidiano do professor que ensina matemática, o que constitui um complexo de temas para os quais precisamos nos atentar nas pesquisas.

A fim de lançarmos neste capítulo um convite para que tenhamos mais discussões sobre essas questões, seguimos as terminologias utilizadas atualmente em nosso país na Educação Especial e o que é observado, atualmente, como possibilidades e reflexões tanto nas pesquisas já realizadas na Educação Matemática como na prática e experiência com alguns desses estudantes.

Discussões sobre Transtornos Globais do Desenvolvimento

Tradicionalmente, a atual legislação brasileira se fundamenta em terminologias utilizadas principalmente na décima edição da Classificação Estatística Internacional de Doenças e Problemas Relacionados à Saúde (CID-10), onde os Transtornos Globais do Desenvolvimento (TGD) são um:

> Grupo de transtornos caracterizados por alterações qualitativas das interações sociais recíprocas e modalidades de comunicação e por um repertório de interesses e atividades restrito, estereotipado e repetitivo. Essas anomalias qualitativas constituem uma característica global do funcionamento do sujeito, em todas as ocasiões (OMS, 2007, p. 367).

Partindo dessa definição e utilizando terminologias e concepções que hoje em dia são repensadas na ciência, o CID-10, que foi publicado pela Organização Mundial da Saúde (OMS) e entrou em vigor na década de 1990, entende como sendo TGD: Autismo infantil, Autismo atípico, Síndrome de Rett, Transtorno desintegrativo da infância, Transtorno com hipercinesia associada a retardo mental e a movimentos estereotipados, Síndrome de Asperger, Transtornos globais do desenvolvimento e os Transtornos globais não especificados do desenvolvimento.

Apesar de o CID-10 fornecer essa definição, é necessário que o leitor considere que no ano em que este livro está sendo publicado, discussões estão sendo realizadas no âmbito internacional para a definição do CID-11, que brevemente entrará em vigor e que entre algumas mudanças, prevê acompanhar algumas das orientações já definidas em outro importante manual publicado em 2013, a quinta edição do Manual Diagnóstico e Estatístico de Transtornos Mentais (DSM-V), o qual é organizado pela Associação Americana de Psiquiatria e que entende o autismo – um dos transtornos citados como TGD no CID-10 – como Transtorno do Espectro Autista (TEA).

O TEA é caracterizado no DSM-V por diferentes critérios diagnósticos que abrangem prejuízos significativos no comportamento, na comunicação recíproca e na interação social. Segundo o manual, o diagnóstico tem maior validade e confiabilidade quando possui múltiplas fontes, as quais se constituem por meio de observações do clínico, pelas histórias do cuidador e, quando possível, autorrelato.

No Brasil, observamos avanços históricos a partir da década de 1980, quando grupos organizados por famílias e defensores de políticas públicas se destacam com a criação de diferentes associações. Conforme ocorriam avanços históricos nos debates envolvendo a questão do autismo, também foram realizadas pesquisas que, com foco no ensino de matemática, concentraram-se na área da Educação

Especial, tentando responder inquietações que surgiam no que se refere à escolarização desses estudantes.

Uma das pesquisas que destacamos, e que teve a proposta de iniciar uma discussão mais profunda sobre o autismo na Educação Matemática, é a de Gomes (2007), que descreveu um estudo sobre o ensino de habilidades de adição e subtração para uma adolescente com autismo, utilizando, durante a experiência, procedimentos adaptados e fundamentados em princípios comumente seguidos em teorias de análise comportamental.

Pensar em estudos e pesquisas oriundas da Educação Matemática, que envolveram pessoas autistas, exige um olhar para a forma como o autismo é compreendido no território brasileiro, tanto no arcabouço histórico como no sociológico e conceitual, a fim de entender o debate nacional e internacional que pauta as diferentes correntes que têm se constituído em torno dessa temática.

Analisando artigos científicos que discutem o TGD na Educação Matemática, observamos que o autismo ocupa um espaço privilegiado de discussão (CHEQUETTO; GONÇALVES, 2015; DELABONA; CIVARDI, 2016; CARGNIN; FRIZZARINI; AGUIAR, 2018), o que nos motiva ainda mais a pensar no que significa *ser autista* no contexto de ensino e de aprendizagem de matemática nos diferentes espaços e tempos da escolarização.

A pesquisa desenvolvida por Chequetto e Gonçalves (2015), por exemplo, destaca recursos utilizados no ensino de matemática para um estudante autista. Trata-se de uma pesquisa que assumiu como espaço a ser investigado a Sala de Recursos Multifuncionais (SRM), o que configurou uma pesquisa que, apesar de tratar das questões relacionadas ao ensino de matemática, tem como espaço físico para o desenvolvimento da pesquisa um que é distinto do que se concebe como sala de aula de matemática.

Pesquisas como a de Chequetto e Gonçalves (2015) são encorajadas, pois precisamos investigar como a matemática se constitui em todos os espaços educacionais. Outro artigo que também apresenta uma investigação de um espaço distinto do que se concebe como sala de aula no Brasil foi o realizado por Delabona e Civardi (2016), que analisaram o significado dado por um estudante com Síndrome de Asperger a um dado objeto geométrico, mas em uma proposta pedagógica que se insere também em um espaço distinto, denominado como *Laboratório de Matemática Escolar*.

Ainda podemos trazer para a nossa discussão a pesquisa de Cargnin, Frizzarini e Aguiar (2018), que nos motiva a pensar em estudos que contemplem outras modalidades e etapas da educação brasileira, pois, conforme os processos inclusivos se efetivam, os estudantes autistas estão alcançando outros níveis de escolarização que também necessitam de uma atenção nas pesquisas em Educação Matemática.

Todos esses estudos representam um interesse que brota recentemente nas pesquisas realizadas pelos educadores matemáticos e que se concentra no grupo de educandos com transtornos globais do desenvolvimento indicado como público-alvo da Educação Especial, destacando-se nesses estudos principalmente o autismo. No entanto, provocamos aqui uma reflexão que temos exercitado nos últimos anos em nossos trabalhos, e que observamos como pertinente para pesquisas futuras sobre o autismo.

Ao realizarmos uma leitura mais ampla de como as pesquisas relacionadas ao autismo se desenvolvem na Educação Matemática, tanto no cenário nacional como internacional, podemos identificar que existem paradigmas assumidos como subjacentes nessas pesquisas, paradigmas que ora tendem a ser mais de natureza médica, ora mais sociológica.

As pesquisadoras Fadda e Cury (2016) nos ajudam a pensar nesses paradigmas quando identificam quatro deles, que se mostraram com muita força nos últimos anos, e se constituem a partir de uma explicação etiológica sobre o autismo.

- *Paradigma biológico-genético*: Concepção patológica do autismo como algo a ser tratado e curado, sendo sua origem identificada em alterações nos genes humanos;
- *Paradigma relacional*: Entendimento do autismo como um problema psicológico e com origem no desenvolvimento emocional da criança durante a sua relação com a mãe na infância;
- *Paradigma ambiental*: Proposta que vê o autismo como uma lesão neurológica resultante da exposição a agentes ambientais no período pré-natal, perinatal ou pós-natal. Tais agentes podem ser infecciosos (procedem de uma doença), químicos (contato com substâncias) ou

> associativos (associações de diferentes fatores). Alguns estudos se fundamentam nesse paradigma quando entendem o autismo como uma consequência da ingestão do ácido valproico durante a gravidez ou de infecções tais como a rubéola e o citomegalovírus;
>
> - *Paradigma da neurodiversidade*: O autismo é visto como uma das formas de ser no mundo e que está presente na diversidade da natureza humana, sendo parte da identidade da pessoa e não como algo a ser tratado ou até mesmo curado. Estudos que se enraízam nesse paradigma advogam o respeito, pois entendem o autismo como uma das diferentes formas de ser e se expressar na sociedade, questionando assim as terapias, os medicamentos e a busca por uma possível cura.

Quadro 2: Paradigmas que explicam o autismo segundo Fadda e Cury (2016).

Pensar em qual paradigma é assumido tanto nos processos didáticos que seguimos no ensino da matemática como em pesquisas que focam na temática do autismo é uma reflexão necessária para que possamos amadurecer o diálogo com a Educação Especial.

Nesse sentido, é necessário destacar a importância de se iniciar uma articulação de natureza didática com os professores que ensinam matemática, a partir do percurso individual do estudante ao longo dos anos e não dos laudos, relatórios médicos e diagnósticos enumerados em manuais como o CID ou o DSM. Em uma das experiências do segundo autor desse livro, podemos relatar o desenvolvimento de um recurso que foi produzido em uma situação de articulação realizada no início de um ano letivo com o professor de matemática de uma turma do 6º ano do ensino fundamental.

Na ocasião, o professor de matemática trazia nos primeiros momentos de articulação textos extraídos da internet e apontamentos sobre leituras que já tinha realizado sobre o autismo, antes mesmo de ter o primeiro contato com o estudante, apontamentos que, em síntese, indicavam "critérios diagnósticos", "sintomas", "tratamentos", "abordagens" e "medicamentos mais adequados".

A ansiedade demonstrada por esse professor nos primeiros momentos de articulação, trazendo terminologias, conceitos e práticas oriundas da medicina e da psicologia, desenhava um sujeito que não representava o estudante autista em questão e que já era acompanhado pelo segundo autor na sua função de professor de AEE. Mas, o desejo em entender quem era esse estudante, que estava dando os primeiros passos nos anos finais do ensino fundamental, direcionou o olhar didático do professor de matemática para o rótulo, o estigma e os aspectos de natureza médica e clínica, desconsiderando o percurso escolar daquele estudante em específico e os aspectos de natureza didática e pedagógica que precisamos considerar.

Trazendo para discussão nas articulações as necessidades e potencialidades de natureza didática do estudante autista em questão, aos poucos fortalecemos um cenário de produção de atividades e recursos que atendiam o estudante, e não o laudo e o diagnóstico que trazia. Um desses recursos é o que apresentamos na Figura 8, idealizado e confeccionado no âmbito da articulação que relatamos e que consiste em auxiliar o estudante nos cálculos de adição com reserva (valor a ser acrescentado a uma ordem superior resultante da formação de dez unidades na ordem inferior).

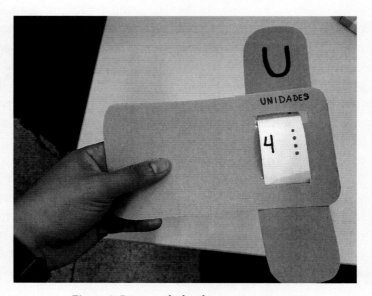

Figura 8: Recurso idealizado em um momento de articulação com um professor de matemática.

Esse recurso se efetivou através de diferentes estratégias, sendo uma delas a sua utilização como atividade prévia nos momentos das aulas de matemática em que eram realizados cálculos aritméticos. Durante a utilização desse recurso, o estudante girava o componente interno, que por sua vez mostrava um a um os algarismos de 1 a 9, conforme era manipulado, além de apresentar ao lado do algarismo pontos vermelhos na quantidade correspondente. Após apresentar o algarismo 9, aparecia a palavra "RESERVA", a fim de lembrar que, ao completar dez unidades, era necessário acrescentar um valor da ordem superior. Aos poucos, introduzimos outros recursos que seguiam a mesma técnica de uso e que contemplava outras ordens como dezenas e centenas.

O recurso, apesar de ser concebido em uma situação de articulação que estava direcionada a um estudante autista em específico, foi utilizado com outros estudantes da mesma turma que também apresentavam necessidades específicas na adição com reserva. Isso contribuiu para o fortalecimento do conhecimento pedagógico e didático do professor de matemática diante das necessidades e potencialidades comumente identificadas em todos os estudantes no âmbito da diversidade humana, e não no âmbito de indicadores clínicos e médicos que buscam expressar o que é ou não possível a partir de diagnósticos, códigos e definições oriundas de manuais da área da saúde.

Os estudantes autistas já são, em muitos espaços e equipamentos da sociedade, rotulados e estigmatizados com termos e concepções que constroem uma imagem negativa em diferentes esferas. Como educadores que se ancoram em propostas mais inclusivas, precisamos ter o cuidado para que as escolas não se tornem mais um desses espaços.

No cenário internacional, pesquisas com pressupostos relacionados ao paradigma da neurodiversidade estão cada vez mais presentes na Educação Matemática (JAWORSKI, 2010; TROTT, 2015; FRANÇOIS, 2017; GOBBO; SHMULSKY; BOWER, 2018; TRUMAN, 2019), o que já nos provoca para uma discussão sobre como a Educação Matemática tem desenvolvido esse tema no território brasileiro.

Registramos aqui um convite para que os educadores matemáticos pensem em possibilidades de ampliarmos nossas discussões sobre o autismo, não se limitando a critérios diagnósticos oriundos da medicina e alcançando outros níveis de reflexão que se tecem em um cenário mais sociológico e didático do que médico e estigmatizante!

Discussões sobre Altas Habilidades/Superdotação

A década de 1970 foi importante em relação ao desenvolvimento dos primeiros estudos científicos sobre altas habilidades/superdotação no país. Uma das estudiosas pioneiras nesta temática foi a Profa. Eunice Maria Lima Soriano de Alencar, que na década de 1970 foi responsável pela implementação e pelo desenvolvimento na Universidade de Brasília das linhas de pesquisa "Criatividade nos contextos educacional e organizacional" e "Processos de identificação e atendimento ao superdotado" (PSICOLOGIA, 2007).

Nesse momento da história, observamos que o termo mais usual utilizado era "superdotado" a fim de designar, segundo a Profa. Alencar, as crianças e adolescentes que se destacavam com talentos, cabendo ao sistema educacional o reconhecimento desse público no cotidiano escolar.

No entanto, observamos em 2001 um importante marco em termos de definição desse grupo de estudantes que, na Resolução do Conselho Nacional de Educação (CNE)/Câmara de Educação Básica (CBE) n. 2/2001, foi definido como os que têm "[...] grande facilidade de aprendizagem que os leve a dominar rapidamente conceitos, procedimentos e atitudes" (BRASIL, 2001c, Art. 5, III). Quanto à definição dada nesta resolução, Virgolim (2007) ressalta duas características importantes: a rapidez de aprendizagem e a facilidade no engajamento em uma determinada área de interesse.

Em 2007, com a publicação de quatro volumes de livros didáticos-pedagógicos a fim de auxiliar os professores quanto às práticas desenvolvidas junto aos estudantes com altas habilidades/superdotação, o MEC trouxe uma definição para o estudante com altas habilidades no contexto brasileiro.

> [...] criança ou adolescente que demonstra sinais ou indicações de habilidade superior em alguma área do conhecimento, quando comparado a seus pares. Não há necessidade de ser uma

habilidade excepcional para que este aluno seja identificado. [...] Além disso, é bom ter em mente que identificamos as pessoas com altas habilidades/superdotação ou talentos não pelo mero prazer de rotulá-las, mas por entendermos que os educadores têm a obrigação de oferecer experiências educacionais apropriadas e diferenciadas aos seus alunos, a fim de desenvolver de forma adequada e igualitária suas habilidades e necessidades especiais (VIRGOLIM, 2007, p. 27).

Ainda em Virgolim (2007) é esclarecido que, para evitar um entendimento de que tal criança ou adolescente seja considerado como uma pessoa com capacidades excepcionais e habilidades inexistentes no ser humano, é preferível a utilização do termo "altas habilidades" em vez de "superdotado". Outra postura ainda é observada atualmente quando Renzulli (2014) defende o uso da palavra superdotado como adjetivo e não como um substantivo, pois é preferível se falar em comportamentos superdotados ou superdotação.

Com a Política Nacional de Educação Especial na perspectiva da Educação Inclusiva instituída em 2008, o grupo dos estudantes com altas habilidades/superdotação é definido como os que

[...] demonstram potencial elevado em qualquer uma das seguintes áreas, isoladas ou combinadas: intelectual, acadêmica, liderança, psicomotricidade e artes. Também apresentam elevada criatividade, grande envolvimento na aprendizagem e realização de tarefas em áreas de seu interesse (BRASIL, 2008, p. 15).

Propostas que não se limitam ao fazer, mas também se ocupam com o pensar e o refletir sobre esse fazer, podem ser um caminho interessante no procedimento didático que assumimos na Educação Matemática com estudantes identificados com altas habilidades/superdotação.

Esse é um exercício que começa no planejamento didático do professor, que precisa ampliar os seus olhares sobre os recursos e atividades comumente realizadas na educação básica, revisitando esses recursos e atividades a fim de identificar possibilidades que alcancem as necessidades específicas dos estudantes (VIANA; MANRIQUE, 2020).

Trata-se de exercitar propostas que, no ensino de matemática, considerem o tempo de aprendizado individual de cada estudante, assim como discute Santos (2014) sobre o desenvolvimento do pensamento geométrico, afirmando que "as tarefas e as intervenções adequadas no processo de instrução possibilitam que os alunos avancem, portanto, são potencializadoras dos processos de significação" (p. 22).

Na Figura 9 apresentamos uma das atividades realizada em uma proposta desenvolvida com um estudante identificado com altas habilidades/superdotação, e que apresentava um amplo interesse por entomologia (área da zoologia que estuda os insetos). O estudante cursava o 6º ano do ensino fundamental, e a proposta didática consistia no desenvolvimento de dobraduras que representam insetos, seguida de uma reflexão de natureza geométrica sobre as dobraduras que eram realizadas.

Reflexões geradas após a dobradura
- qual forma geométrica tem o papel utilizado para o corpo?
- quais são as medidas do papel utilizado para a cabeça?
- quais são as medidas do papel utilizado para o corpo?
- qual forma geométrica você consegue visualizar no passo abaixo?

Figura 9: Atividade de dobradura realizada por um estudante com altas habilidades/superdotação.

Acreditamos que questões como a definição, a identificação e um posicionamento social e crítico sobre a temática das altas habilidades/superdotação são elementos que têm prevalecido em estudos realizados até o momento, o que introduz uma discussão necessária na Educação Matemática (Jelinek, 2017). Essa discussão desemboca nos avanços ainda necessários para que as atividades na educação básica se constituam, na sua natureza, como atividades essencialmente inclusivas. Atividades matemáticas com essa essência inclusiva, assim como defendem Amado, Carrera e Ferreira (2017), a partir de experiências realizadas em Portugal, motivam e atraem os estudantes para o fazer e o refletir sobre as atividades que lhes são propostas, já que como consequência dessa essência inclusiva, tais atividades se tornam mais acessíveis.

Discussões sobre interações de estudantes com altas habilidades/superdotação nas aulas de matemática também se revelam como significativas nas pesquisas, como as discutidas por Moreira (2016) ou as que são propostas nas atividades de aprendizagem, denominadas como *investigações matemáticas* por Ponte, Brocardo e Oliveira (2016), em que questões com um centro de interesse são investigadas a fim de clarificar de modo organizado o que é estudado pelos estudantes.

Especificidades recentemente abordadas nas pesquisas

Apesar de a Educação Matemática ter empreendido tempo para estudos sobre a temática das deficiências, observamos que os primeiros estudos nesse diálogo, que é proposto com a Educação Especial, focaram em questões geradas em torno da deficiência auditiva e visual.

Isso significa que outras deficiências, como a deficiência intelectual, merecem nossa atenção atualmente, consolidando e amadurecendo as discussões com uma perspectiva inclusiva que são propostas na Educação Matemática. Atualmente, o cenário de pesquisas já realizadas na Educação Matemática indica esforços para abordar a deficiência intelectual no ensino de matemática a partir de propostas de adaptação curricular (Brito; Campos, Romanatto, 2014; Costa, Souza, 2015) ou a partir de uma revisão de literatura, que possibilite identificar estratégias, conteúdos e repertórios que potencializem o ensino de matemática (COSTA; PICHARILLO, ELIAS, 2016).

Outro tópico de discussão sobre as deficiências pouco analisado na Educação Matemática é a surdocegueira, que antes dessa nomenclatura já foi denominada como dupla deficiência sensorial, múltipla privação sensorial, deficiência audiovisual, deficiência auditiva e deficiência visual e surdez-cegueira. Atualmente, a surdocegueira pode ser definida como:

> [...] o comprometimento, em diferentes graus, dos sentidos receptores à distância (audição e visão). A combinação desses comprometimentos pode acarretar sérios problemas de comunicação, mobilidade, informação e, consequentemente, a necessidade de estimulação e de atendimentos educacionais específicos (CADER-NASCIMENTO, 2010, p. 18).

Este é um grupo de estudantes que precisamos considerar em nossas pesquisas, tendo em vista que o atendimento e os serviços educacionais são oferecidos no Brasil desde a década de 1960. Uma possível justificativa para termos poucas pesquisas na Educação Matemática relacionadas à surdocegueira é que os atendimentos a esses estudantes se restringiram nas últimas décadas em instituições especializadas. No entanto, desde a primeira década dos anos 2000, grandes são os esforços para a inclusão desse grupo de estudantes nas escolas públicas, havendo já há alguns anos a matrícula desses estudantes em diferentes escolas do país (FARIAS; MAIA, 2005).

Também é importante citarmos as questões que se formam ainda em torno das deficiências múltiplas e algumas deficiências físicas, em que a discussão na Educação Matemática precisa também ser mais consolidada. Assim como Rosso e Dorneles (2012) identificaram, até o início da nossa década poucas pesquisas versaram sobre algumas deficiências no campo do ensino de Matemática, mas é importante destacarmos que esse cenário está mudando, conforme os educadores matemáticos se voltam para a ampliação desse diálogo e se ocupam com essas especificidades, um fenômeno que pode ser observado nos eventos científicos e estudos publicados recentemente.

Outras discussões que tangenciam especificamente os tópicos da Educação Especial, como formação de professores, práticas didáticas relacionadas às diferenças, currículo e avaliação, mostram-se também como discussões que precisamos consolidar na Educação Matemática. No entanto, recentemente temos observado um movimento que provoca mudanças significativas nesse cenário de discussões.

Um exemplo desse movimento foi percebido no *I Encontro Nacional de Educação Matemática Inclusiva*, realizado na cidade do Rio de Janeiro, em 2019, que contou com grupos de discussão e rodas de conversa concentrados em temas que privilegiaram os tópicos comentados neste capítulo, como transtornos globais do desenvolvimento, deficiência intelectual e altas habilidades/superdotação (Nogueira *et al.*, 2019b).

Temos ótimas expectativas de que, em breve, temáticas da Educação Especial, como as que tratamos neste capítulo, ocupem espaços de estudo e pesquisa significativos em nosso país, indicando o amadurecimento do diálogo que apresentamos neste livro. Futuramente, esperamos compartilhar reflexões mais pontuais sobre as especificidades que tratamos neste capítulo, mas, nesta edição, nos ocuparemos com duas especificidades que se evidenciaram significativamente nesse diálogo que se formou entre a Educação Matemática e a Educação Especial: a deficiência visual e a deficiência auditiva. Logo, convidamos os leitores a seguirem com a leitura dos próximos capítulos, nos quais nos esforçamos em apresentar um panorama que introduz reflexões importantes para o amadurecimento desse diálogo nos próximos anos.

Capítulo 4

Reflexões sobre a deficiência visual

Termos como deficiência visual, baixa visão e cegueira são por vezes de difícil definição para uma pessoa leiga na temática, no entanto, podemos observar que, atualmente, cada um desses termos faz referências distintas quando propomos uma reflexão sobre deficiência visual.

Consideramos que existem diferentes definições dependendo do aporte teórico, mas para fins das reflexões que fazemos neste capítulo, nos apoiamos na definição dada por Bill (2017), para o qual a deficiência visual é:

> [...] o déficit visual ocorrido em ambos os olhos. É uma situação irreversível de diminuição da resposta visual, mesmo após tratamento clínico, cirúrgico ou o uso de óculos convencionais, com acuidade visual para distâncias de 20 por 200, ou seja, 10% no melhor olho após correção ou campo visual de até 20 graus, caracterizando a baixa visão, que deverá ser estimulada para poder utilizar o resíduo visual da melhor forma possível. A cegueira é a perda total da visão que permite, no máximo, perceber a luminosidade. A deficiência visual pode ocorrer por causas hereditárias, congênitas, acidentes ou por doenças que acometem a visão (p. 6-7).

A temática da deficiência visual tem provocado no sistema educacional brasileiro, uma ressignificação do espaço físico e mobiliário utilizado, como também a apropriação de recursos ópticos (lunetas, óculos bifocais, lentes, lupas, etc.) e não ópticos (livros com fonte ampliada, plano inclinado, lápis 6B, etc.).

No entanto, é importante destacarmos que na comunicação tem se constituído como de grande importância o Sistema Braille, criado pelo francês Louis Braille (1809-1852), e que se trata de um código para leitura e escrita que se baseia na combinação de 63 pontos que representam o alfabeto, os números e também outros símbolos (Figura 10).

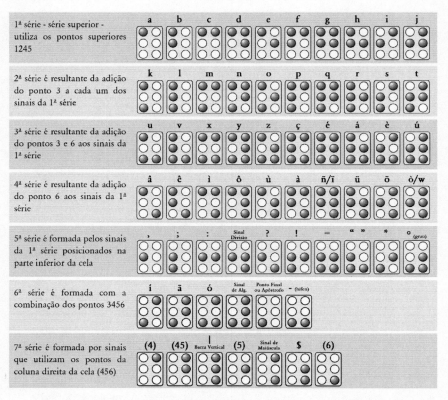

Figura 10: Alfabeto Braille (Leitura). Fonte: Sá, Campos e Silva (2007).

Neste capítulo, trazemos uma reflexão sobre o processo de ensino e aprendizagem de conteúdos matemáticos e a formação de professores que ensinam matemática para estudantes com deficiência visual. Essa reflexão foi gerada tomando por base artigos científicos já publicados na Educação Matemática.

Inicialmente, queremos anunciar que entender a temática da inclusão nas situações em que se efetivam o ensino e a aprendizagem de matemática significa, prioritariamente, que o professor é, juntamente com os demais profissionais envolvidos no processo educacional, aquele que propicia estratégias de tornar os assuntos comumente estudados na matemática acessíveis a todos os estudantes, com ou sem deficiência visual, propondo tarefas que possam ser realizadas com uma perspectiva inclusiva e que contemple a diversidade humana.

Entretanto, compreendemos que o ensino de matemática envolve também outros fatores, além de um professor disposto a promover estratégias inclusivas. Podemos apontar, pelo menos, quatro fatores importantes que prejudicam o processo de construção de ambientes que favoreçam a inclusão de estudantes com deficiência visual: uma formação docente comprometida no que se refere às especificidades da Educação Especial; o oferecimento de condições inadequadas pelas escolas e/ou redes de ensino nas diferentes dimensões do cotidiano escolar; o pouco conhecimento da comunidade escolar no que se refere às dificuldades e às potencialidades do estudante com deficiência visual; e a ausência de materiais adaptados e tecnologia assistiva.

Nesse sentido, as produções científicas da Educação Matemática têm demonstrado que muitos professores alegam não terem estudado, durante a formação inicial, temas que discutam práticas inclusivas que beneficiam o estudante com deficiência visual nos processos de ensino e aprendizagem, havendo ainda poucas formações voltadas para a obtenção de conhecimentos e estratégias inclusivas (SILVA; CABRAL; SALES, 2018).

Rodrigues e Sales (2018) ampliam ainda mais essas percepções, apontando dentre alguns elementos, a precarização da formação de professores de matemática em relação ao tema da inclusão; o número excessivos de estudantes na sala de aula; os poucos materiais específicos para estudantes com necessidades educacionais especiais; a inexistência de livros didáticos em Braille; a falta de identificação das salas de aula em Braille; a ausência de monitor para auxiliar o professor durante as aulas; a carência de assessoramento pedagógico nas escolas por equipes especializadas; e o pouco investimento nas estruturas das escolas.

Dessa forma, dividimos este capítulo em três tópicos para um maior aprofundamento sobre a temática da deficiência visual: (1) estudos que versam sobre a formação de professores, seja a inicial, seja a continuada; (2) os materiais empregados para facilitar os processos de ensino e aprendizagem; e (3) o processo de aprendizagem do estudante com deficiência visual.

Formação de Professores

Ao buscarmos estudos a respeito da formação de professores, começamos com Martins, Ferreira e Nunes (2018), que propuseram um curso de extensão para analisar a mobilização de saberes de professores que ensinam matemática em contextos inclusivos. O curso foi embasado em tarefas matemáticas realizadas em pequenos grupos e com uma perspectiva inclusiva.

Em relação à realização de tarefas matemáticas com alguns professores com os olhos vendados, as autoras afirmam que:

> Isso significa que foi necessário desenvolver outras formas de lidar com a tarefa matemática. Primeiro, ele próprio precisou se adaptar à situação e, em seguida, ao apoiar os colegas, precisou construir modos diversos de explicar e de se fazer compreender que ultrapassassem o âmbito visual (registro escrito, gestos, etc.). Porém, entendemos que a construção desse saber fundou-se em saberes prévios do participante. O fato de ter cursado uma disciplina sobre Educação Matemática Inclusiva no curso de Licenciatura em Matemática, tal como ele mesmo destacou, lhe permitiu conhecer um pouco melhor as especificidades da aprendizagem dos alunos cegos, etc. Além disso, o conhecimento de formas variadas para abordar esse conteúdo que facilitasse o ensino foi relevante para a produção desse saber (p. 892).

Dessa forma, o artigo destaca alguns saberes mobilizados no âmbito da inclusão, os quais se concentram na possibilidade de improvisar durante a ação pedagógica, de antecipar erros e obstáculos que dificultariam a aprendizagem do estudante com deficiência, e de criar estratégias que esclareçam as dúvidas dos colegas.

Nessa linha de pensamento, o estudo de Landim, Maia e Sousa (2017) investigou representações sociais de professores de matemática e identificou que os docentes que já conviveram com estudantes com deficiência visual e os mais experientes apresentam uma representação social mais relacionada ao direito e ao paradigma de inclusão. Já os docentes que não tiveram em suas salas de aula estudantes com deficiência visual e possuem menos de cinco anos de atuação explicitam as dificuldades e os desafios que podem enfrentar na sala de aula com esses estudantes.

Ainda pensando na formação de professores, Bandeira (2018) relata experiências didáticas, planejadas no âmbito da disciplina *Prática de Ensino de Matemática*, ministrada em um Curso de Licenciatura em Matemática, que foram desenvolvidas com estudantes de escolas do ensino médio. Os conteúdos trabalhados foram matrizes e determinantes, e o material didático elaborado considerava a presença de estudantes com deficiência visual nas salas de aula.

A autora elaborou um material que denominou como *Kit de Matrizes e Determinantes*, que foi construído com tampinhas de garrafa pet, semente de mulungu (representando os números positivos) e grãos de lentilha (representando os números negativos). As tampinhas foram fixadas em uma madeira formando ordens diferentes de matrizes $Am \times n$ e os valores das células eram representados pelas sementes colocadas dentro das tampinhas.

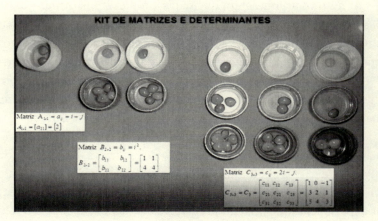

Figura 11: Kit de Matrizes e Determinantes (BANDEIRA, 2018, p. 829).

Outro material utilizado foi um violão. As linhas de uma matriz foram relacionadas com as seis cordas do violão – linha horizontal – e os trastes – barra vertical – com as colunas de uma matriz. Os sons das casas foram relacionados aos elementos.

> O significado apreendido mediante diferentes associações perceptivas permite um trabalho mental e se torna uma representação que serve como signo mediador na compreensão de mundo do "estudante cego" (p. 827).

A autora conclui que foi possível identificar que os licenciandos "conseguiram aprender a ensinar na diversidade e a se identificar como docentes na vivência com estudantes cegos" (p. 840).

Outro artigo que discute a formação de professores de matemática é o de Rosa e Baraldi (2017), que investigaram um professor de matemática com baixa visão que afirma que, durante o curso de licenciatura, foi preciso criar maneiras diferentes de adaptar o ensino de conceitos matemáticos.

As adaptações recomendadas incluem o posicionamento apropriado de mobiliário de maneira a facilitar a locomoção, a descrição de todo o material utilizado em sala de aula e de tudo que for escrito na lousa ou providenciado em papel, bem como a disponibilização de recursos materiais adaptados e tecnologia assistiva, como pranchas, lupa, monóculo e equipamentos de informática.

As autoras argumentam que não é simples transformar nossas aulas de matemática em aulas inclusivas, mesmo quando o professor é uma pessoa com deficiência. Um dos motivos está relacionado aos materiais adaptados que são necessários para as aulas de matemática. Para isso, tornam-se necessárias uma adaptação curricular com recursos e a adoção de materiais didáticos táteis que auxiliam na construção de conceitos matemáticos (Rosa; Baraldi, 2017).

Já Kaleff (2018) coordena o *Laboratório de Ensino de Geometria* e o *Museu Interativo Itinerante Inclusivo de Educação Matemática* da Universidade Federal Fluminense. Esses espaços foram criados para permitir ao estudante de cursos de licenciatura em matemática vivenciar experiências que possam prepará-los para a docência. Também favorecem a produção de recursos didáticos novos ou adaptados para o ensino de Matemática para estudantes com deficiência visual. De uma maneira geral, esses espaços buscam

> [...] fazer com que o aprendiz se envolva de maneira ativa e sensorial com os materiais manipulativos, ampliando sua percepção sobre o que está sendo aprendido e despertando sensações, tais como curiosidade, atenção e compreensão (p. 870).

A autora explicita que apenas a ludicidade não garante uma aprendizagem significativa. Assim, o futuro professor de matemática necessita de conhecimento adequado para que possa usar de maneira correta os recursos didáticos disponíveis.

> As atividades e a manipulação ativa de um recurso didático (jogos diversos, quebra-cabeças planos ou espaciais; aparelhos modeladores de elementos geométricos e superfícies, ábacos diversos etc.) permitem o aluno tanto se tornar consciente das propriedades matemáticas modeladas pelo mesmo como a descobrir as representações gráficas (traçados de desenhos e gráficos) ou representações linguísticas (por meio do surgimento de símbolos e sinais) que representam o conceito (p. 871).

Ainda em relação ao recurso didático, Kaleff (2018) salienta que ele pode fazer o papel de uma ferramenta de mediação semiótica se for utilizado no processo de aprendizagem de representações matemáticas de um conteúdo (grafias diversas, símbolos e sinais).

Assim, é necessário pensar na formação de professores no sentido de

> [...] refletir sobre como a busca do sentido do ensinar e aprender Matemática remete às questões de significação da Matemática que é ensinada e aprendida. Acreditamos que o sentido se constrói à medida que a rede de significados ganha corpo, substância, profundidade. A busca do sentido do ensinar-e-aprender Matemática será, pois, uma busca de acessar, reconstruir, tornar robustos, mas também flexíveis, os significados da Matemática que é ensinada e aprendida (FONSECA, 2007, p. 75).

Materiais adaptados

Em relação às adaptações, Cruz *et al.* (2018) entendem que elas devem ser pensadas de modo a atender aos princípios do desenho universal, ou seja, que todos os estudantes, com ou sem deficiência visual, possam aprender juntos e utilizando o mesmo material.

Para esses autores, um jogo deve favorecer a autonomia dos estudantes com deficiência visual, os quais, após terem compreendido as regras, não necessitam de auxílio dos outros para jogar.

> No processo de elaboração das adaptações para o jogo, foi possível analisar o movimento dos licenciandos por meio dos elementos da Atividade Orientadora de Ensino. Por meio dela se identificam a necessidade dos estudantes (adaptar o jogo); o motivo (possibilitar a apropriação da divisão euclidiana para estudantes com deficiência visual); as ações (pesquisar materiais adequados para utilizar no jogo; reorganizar o modo de jogar; elaborar novos planejamentos, refletir sobre as diferenças nas formas de registro de estudantes cegos, com baixa visão, etc.) (p. 930).

Esses autores argumentam que é necessário que os licenciandos em matemática produzam materiais adaptados para que os estudantes com deficiência visual desenvolvam sua autonomia no processo de aprendizagem de conceitos matemáticos.

Outros estudos também apontam a necessidade de o material adaptado favorecer a autonomia do estudante cego e sua relação com os demais estudantes (Silva; Leivas, 2013; Koepsel; Manrique, 2016; Pereira; Lins, 2017; Silva, 2018; Pasquarelli).

Nesse sentido, o trabalho de Viginheski *et al.* (2017) tem o objetivo de propor adaptações curriculares de pequeno porte para estudantes com deficiência visual, considerando algumas das produções técnicas desenvolvidas em um Mestrado Profissional em Ensino de Ciências. São consideradas adaptações de pequeno porte as que podem ser realizadas pelo próprio professor de modo que o estudante com deficiência possa participar do processo de ensino e aprendizagem de modo pleno.

Os autores apontam que este tipo de trabalho tem relevância porque as adaptações propostas podem auxiliar os professores de matemática no ensino para estudantes com deficiência visual. Eles entendem também que as adaptações curriculares necessitam ser pensadas no coletivo escolar, considerando as condições da escola e as necessidades e capacidades de cada um dos estudantes.

Entre os principais tipos de adaptações para estudantes cegos, os autores orientam que, para os recursos visuais devemos utilizar a descrição detalhada das imagens, para que o estudante cego possa ter uma experiência semelhante à dos demais estudantes da sala de aula. Para a utilização de computadores e da internet, existem *softwares* que permitem a navegação de usuários cegos na internet, entre eles, destacam-se DOS VOX, NVDA, JAWS. No entanto, Pereira e Lins (2017) salientam que muitos professores não sabem utilizar materiais didáticos adaptados e tecnologia assistiva.

Um dos materiais identificados nos trabalhos selecionados foi a história em quadrinhos. Para adaptar este tipo de material, os autores assinalam que é necessário ter alguns cuidados, principalmente em relação aos detalhes dos desenhos, porque a percepção tátil difere da percepção visual. Para realizar uma adaptação coerente devemos utilizar de diferentes texturas, permitindo que o estudante cego possa distinguir as diferentes partes que compõem o todo. A história em quadrinhos pode também ser escrita em Braille ou descrita de forma oral.

O trabalho apresentado por Viginheski *et al.* (2017) ressalta também alguns instrumentos que podem ser utilizados pelo estudante cego, mas que necessitam de adaptações, tais como a régua, o compasso e o esquadro. Esses materiais podem ser adaptados por meio de uma marcação especial, como fissuras, pontos em relevo ou outra elevação na parte graduada do instrumento.

Além disso, as tarefas devem ser propostas de maneira que o estudante com deficiência visual responda a questionamentos básicos, ou seja, a utilização do material necessita envolver a indagação, a investigação e a oralidade frente às manipulações táteis realizadas no material pelo estudante com deficiência visual.

Outro estudo apresentado por Tostes, Reis e Victer (2016) discorre sobre um produto educacional. O material didático, denominado "Tabuleiro das Expressões", consiste em uma bandeja de camurça e anéis com números e sinais das operações matemáticas escritos em Braille em sua parte superior.

Figura 12: A expressão numérica nos diferentes materiais
(TOSTES; REIS; VICTER, 2016, p. 155).

Esses anéis em Braille são encaixados no tabuleiro significando cada termo da expressão numérica. Ou seja, esse material foi desenvolvido para auxiliar o processo de ensino e aprendizagem de expressões numéricas de estudantes com deficiência visual. É importante frisar que, para usar este tabuleiro, é necessário que o estudante domine a leitura e escrita do Sistema Braille.

Ainda temos o texto de Figueroa *et al.* (2011), que relata experiências didático-pedagógicas de estudantes de um curso de Licenciatura em Matemática, que fizeram uso de materiais concretos para o ensino de conteúdos matemáticos a um estudante com deficiência visual. Os conteúdos matemáticos trabalhados foram operações matemáticas com o uso do Soroban e dos gráficos de funções utilizando o multiplano. O Soroban e o multiplano foram considerados ferramentas didático-pedagógicas, que podem ser adquiridos no mercado ou confeccionados com materiais reciclados.

Figura 13: Soroban com caixa de papelão e
Soroban com cartela de ovos (FIGUEROA et al., 2011, p. 54).

Outros estudos também desenvolveram materiais manipuláveis, entre eles: calculadora manual de multiplicação adaptada com números Braille (NEVES; MAIA, 2018) e fichas com desenhos de alguns elementos a serem combinados entre si (BORBA, 2016).

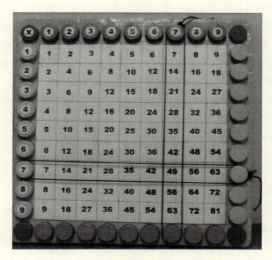

Figura 14: Calculadora manual de multiplicação adaptada com números Braille (NEVES; MAIA, 2018, p. 133).

Figura 15: Materiais disponibilizados para um problema de permutação de três brinquedos (BORBA, 2016, p. 9).

Alguns trabalhos refletiram sobre o uso de *softwares* e ambientes computacionais, como o de Santos e Thiengo (2016), que investiga o ensino de matrizes e determinantes para um estudante com baixa visão. Foram elaboradas videoaulas para complementar as aulas ministradas e foi feito uso de planilhas e apresentações de forma compartilhada na internet.

Os autores assinalam que nem todos os professores de estudantes com baixa visão providenciam a ampliação previamente do material a ser utilizado na aula. Outro ponto refere-se à falta de ampliação da avaliação escrita que, quando o professor não a fornece, a avaliação torna-se oral para o estudante com baixa visão. Nesse caso, o estudante alega que fica nervoso e não tem o mesmo tempo que os estudantes videntes.

Figueroa *et al.* (2011) ainda pontuam que, para os estudantes com deficiência visual, pode-se fazer uso de um computador para algumas atividades, sendo necessário a instalação de leitores de tela, como o DOSVOX e o Virtual Vision.

Em relação à adaptação de livros didáticos, também identificamos alguns estudos que discorreram sobre esse assunto. Por exemplo, Santos e Thiengo (2016) fazem um apontamento em relação ao uso do livro didático, que não é adaptado, que não tem versão em Braille e as cores das páginas não facilitam a leitura do estudante com baixa visão, que necessita utilizar uma lupa de aumento para conseguir ler.

O artigo de Lorencini, Nogueira e Rezende (2018) debate as lacunas existentes em um livro didático de matemática que foi transcrito em Braille para permitir a aprendizagem de estudantes com deficiência visual, tais como: utilização de símbolos matemáticos sem nota explicativa; proximidade de alguns sinais e falha na impressão do alto relevo, o que dificulta sua distinção tátil; e omissão de figuras, principalmente de gráficos de funções, ou a falta de comentários ou descrição sobre elas.

> Cabe destacar que na ausência destes registros gráficos, os alunos precisam da orientação do professor, ou outros recursos, como a descrição dos gráficos em língua natural, para ter acesso às mesmas informações que o aluno vidente na resolução das atividades ou para a compreensão dos exemplos dados (p. 857).

As autoras também apontam alguns erros de digitação e a falta de alguns dados no processo de transcrição do conteúdo do livro em tinta para o livro em Braille. Elas ainda salientam que, normalmente, o professor não tem conhecimentos da escrita Braille e não tem condições de perceber os equívocos ou omissões que, porventura, o material disponibilizado ao estudante com deficiência visual possua.

Em relação à Tecnologia Assistiva (TA), o artigo de Sganzerla e Geller (2018) apresenta algumas ferramentas que podem ser utilizadas no ensino de conteúdos matemáticos. O estudo foi realizado durante o Atendimento Educacional Especializado (AEE) em uma escola-pólo de deficiência visual.

A TA é empregada por proporcionar uma maior independência e autonomia às pessoas com deficiência e auxiliar no processo de ensino e aprendizagem. As autoras pontuam que uma TA pode ser categorizada como equipamento de leitura e escrita, recurso tátil ou calculadora com voz.

Para os estudantes com deficiência visual é ensinado a escrita em Braille, que envolve o posicionamento de pontos em seis celas. Normalmente, o professor que trabalha no AEE ensina as diferentes posições na cela e seu respectivo significado, utilizando materiais recicláveis, tais como caixa de ovos e bolinhas de pingue-pongue ou de isopor, ou EVA.

Como foram poucos os materiais encontrados para o ensino de conteúdos matemáticos para estudantes com deficiência visual, Sganzerla e Geller (2018) consideram que é necessário o desenvolvimento de novas Tecnologias Assistivas.

O trabalho de Pasquarelli e Manrique (2016) também apresenta uma tecnologia assistiva. As autoras fizeram uso de um simulador de gráficos e desenvolveram uma atividade em uma turma do 9º ano, que possuía quatro estudantes cegos, um com baixa visão e três videntes, de uma instituição para cegos da cidade de São Paulo.

A atividade pretendia que cada grupo de estudantes construísse no simulador de gráficos um gráfico *dot-plot*, também conhecido como gráfico de pontos, e envolvia o estudo das medidas de tendência central, média, mediana e moda.

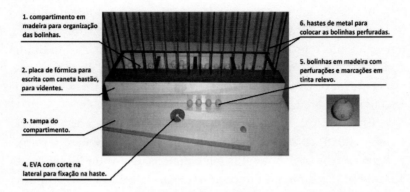

Figura 16: Simulador de gráfico dot-plot (PASQUARELLI; MANRIQUE, 2016, p. 314).

A situação proposta para a construção dos gráficos favorecia que essa construção ocorresse de maneira gradativa, atribuindo indícios das ideias de aleatoriedade, da percepção de incerteza quanto aos dados obtidos e, ainda, que nem todos os resultados são igualmente prováveis ou previsíveis.

Cabe salientar que, como cada um dos quatro grupos obteve uma representação gráfica diferente, as autoras trabalharam com quatro valores para cada medida de tendência central. E as comparações realizadas pelos grupos foram oportunas para o trabalho com a variabilidade dos dados.

As autoras apontam que o tempo não foi um elemento crítico para o desenvolvimento da atividade, como destacam diversos professores quando relatam a aplicação de atividades com estudantes com deficiência em sala de aula. Além disso, entendem que a atividade oportunizou a interação entre os estudantes com e sem deficiência visual em atividades cooperativas. E concluem que o uso da Tecnologia Assistiva simulador de gráficos *dot-plot* proporcionou autonomia aos estudantes cegos e com baixa visão.

Aprendizagem do estudante com deficiência visual

Também identificamos alguns estudos que investigaram o processo de aprendizagem do estudante com deficiência visual. Um deles é o estudo de Mamcasz-Viginheski *et al.* (2017), que apresentou uma análise de uma intervenção pedagógica para que uma estudante cega elaborasse conceitos de área, buscando relacionar a Geometria e a Álgebra. O estudo foi fundamentado na teoria histórico-cultural de Vygotsky, utilizando os conceitos de mediação, conceitos espontâneos e científicos e zona de desenvolvimento proximal.

O trabalho desenvolvido com a aluna cega buscou constituir a Geometria como uma ponte para aprender a Álgebra. As atividades propostas envolveram uma fase numérica e outra algébrica, sendo que esta segunda fase tinha o propósito de buscar uma representação para a medida de área da composição de diferentes placas.

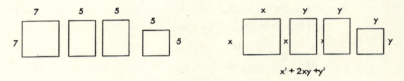

Figura 17: Fase númerica e algébrica da soma das áreas (MAMCASZ-VIGINHESKI et al., 2017, p. 876).

Os autores entenderam que, com o suporte de um material elaborado, a relação entre a fase numérica e a fase algébrica seria facilitado e despertaria na estudante a inserção do elo Geometria-Álgebra.

Outro estudo é o de Viginheski *et al.* (2014), que busca referenciar o sistema Braille como um dos muitos recursos de aprendizagem de matemática para estudantes cegos. Embora o ensino de matemática seja realizado prioritariamente por meio da oralidade e os estudantes cegos desenvolvam uma boa memória auditiva, os autores ponderam que:

> A partir do desenvolvimento de um sistema de leitura e escrita próprio, as pessoas cegas tiveram o acesso à comunicação escrita, representando um grande passo na luta por seus direitos, pela igualdade de condições, pela independência e autonomia e pelo exercício da cidadania (p. 907).

Além disso, com o sistema Braille é possível ao estudante cego tomar notas e o professor pode conferir se essas anotações são compatíveis com os conteúdos apresentados. Em relação ao ensino de matemática, é necessário também a utilização de gráficos e tabelas para organizar dados. Nesses casos, o uso de materiais táteis pode facilitar essas representações, que são importantes para outras situações que as pessoas cegas poderão vivenciar fora do sistema escolar.

Os autores apresentaram estudos que apontam outros materiais que podem ser também utilizados para representar gráficos e tabelas, principalmente com o uso de relevo e diferentes texturas. Um deles é o estudo de Reily (2004, p. 38, *apud* Viginheski *et al.*, 2014, p. 910), que apresenta algumas formas de representar gráficos por meio de:

> . desenho em giz de cera sobre a própria figura, tendo como base uma prancha de aglomerado de madeira dura na qual se tenha colado tela de náilon; isso resulta em traços leves que podem ser sentidos pelo cego;
>
> . pintura linear em tinta "puff", que, quando aquecida (com secador de cabelo, por exemplo), cria um volume fofo sobre o traço;
>
> . bolinhas de plastilina (massinha) para fazer pontos de referência sobre a mesa do aluno;
>
> . manipulação das formas essenciais da figura recortadas em EVA (material emborrachado) ou em papelão;
>
> . marcas com thermo-pen, um instrumento aquecido que, aplicado a flexi-paper, produz relevo;
>
> . pintura com tintas texturadas em graus que vão de fino a grosso, variando entre as arenosas, as aveludadas, as craquelentas;
>
> . colagem de cordonê ou barbante sobre o contorno da figura;
>
> . linhas produzidas em thermo-form, para transformar gráficos e figuras em relevo (esse procedimento exige acesso ao equipamento especial);
>
> . reproduções pela técnica clássica de pontilhado linear.

E concluem que existem outros materiais, além do Braille, para serem utilizados com os estudantes cegos no ensino de matemática, tais como materiais adaptados, jogos, *softwares*, entre outros. Contudo, afirmam que são necessárias ainda adaptações de materiais para que o estudante cego possa ter acesso às variadas formas de representação de conteúdos matemáticos.

Este capítulo buscou apresentar os estudos selecionados em nossa pesquisa no sentido de identificar os caminhos trilhados por pesquisadores que investigaram a deficiência visual. Empreendemos uma reflexão que desvelou as tendências dos estudos sobre a deficiência visual por pesquisadores da área da Educação Matemática.

Uma das orientações identificadas refere-se aos estudos que investigam a formação de professores, inicial e continuada, no sentido de preparar o professor e o licenciando para ter sensibilidade e práticas inclusivas com estudantes com deficiência visual. Constatamos, ainda, que a maior parte dos estudos investigou experiências didáticas com materiais manipulativos adaptados, quase todos produzidos por pesquisadores junto com os professores da educação básica. Assinalamos que estudos que se debrucem sobre como o estudante com deficiência visual aprende são emergentes, mas os já realizados indicam a potencialidade quando existe a coparticipação de professores no processo investigativo.

Além disso, estudos sobre o estudante com deficiência visual no ensino superior ainda se mostram como uma lacuna na Educação Matemática. Manrique e Moreira (2018) fornecem informações a respeito do acesso e permanência de estudantes com deficiência visual na educação básica e no ensino superior, e sinalizam uma diminuição de quase 10% do número de matrículas de estudantes com deficiência visual da educação básica, considerando o período de 2012 para 2015. Esses autores destacam que, em relação ao ensino superior, ocorreu um aumento de quase 10%. Nesse sentido, necessitamos investigar práticas pedagógicas no ensino superior para trabalhar com estudantes com deficiência visual e as adaptações de materiais necessárias para este nível de ensino, bem como compreender como esses estudantes se apropriam de conteúdos matemáticos de cursos do ensino superior.

Nos capítulos quatro e cinco, utilizamos as expressões *deficiência visual* e *deficiência auditiva*, tendo em vista que são as convencionalmente usadas no sistema educacional brasileiro atualmente. No entanto, esclarecemos que existe uma intensa discussão nos últimos anos, que, ancorando-se em pressupostos sociológicos, destaca os aspectos pejorativos e estigmatizantes que a palavra *deficiência* produz.

Capítulo 5

Reflexões sobre a deficiência auditiva

Nossa proposta aqui é refletirmos sobre aspectos envolvidos no processo de ensino e aprendizagem de conteúdos matemáticos de estudantes com deficiência auditiva. Compreendemos aqui os estudantes com perda auditiva, desde a leve até a profunda, como também os identificados como surdos.

Não nos ocuparemos aqui com uma discussão sobre posturas e abordagens como o oralismo e o bilinguismo, tendo em vista que esta não é a nossa proposta, mas é importante destacarmos que a temática da deficiência auditiva tem exigido reflexões importantes, como o papel do intérprete na escola, a atuação colaborativa desse com o professor e também a utilização da Língua Brasileira de Sinais (Libras) como primeira língua e a Língua Portuguesa como uma segunda língua.

Ressaltamos desde já que ser surdo não significa que esse estudante apresente problemas cognitivos relacionados ao processo de aprendizagem, uma concepção observada quando visitamos a história. O que ocorre é que esse estudante enfrenta diversas barreiras no processo de escolarização. E uma dessas barreiras na Educação Matemática está relacionada à não existência de sinais em Libras para todos os termos matemáticos (DESSBESEL; SILVA; SHIMAZAKI, 2018, p. 483).

Além disso, os estudantes surdos podem ser inseridos em escolas bilíngues para surdos ou em escolas regulares, sendo que nessas últimas, muitos defendem como sendo imprescindível a viabilização do acompanhamento de intérpretes. Nas duas situações, o professor que ensina matemática deve respeitar a diversidade linguística dos estudantes surdos, bem como necessita planejar suas aulas de maneira a potencializar as capacidades desses estudantes, por meio de materiais manipuláveis e de visualizações.

À vista disso, dividimos este capítulo em três tópicos: estudos que versam sobre a cultura surda; os processos de ensino e aprendizagem de conteúdos matemáticos; e o papel do intérprete.

A cultura surda

Alguns dos estudos de nosso levantamento se inserem no que é atualmente denominado como cultura surda e não consistem em investigar apenas uma condição de deficiência da pessoa surda. Em uma cultura, a pessoa é compreendida por sua linguagem, seus costumes, suas crenças e seus valores. Ter uma língua e poder se comunicar significa ter interações, aprendizagens, diálogos. E a língua de sinais permite isso ao surdo.

A Língua Brasileira de Sinais (Libras) tem um papel preponderante na constituição da identidade e da subjetividade da pessoa surda. Além do mais, o mundo do surdo é baseado no visual e no gestual, assim é de se esperar que sua maneira de aprender também seja diferente da de um ouvinte. Assim, nesse agrupamento separamos alguns estudos que tiveram a preocupação com as características do surdo e de sua cultura.

Pinheiro e Rosa (2016) apresentam um estudo teórico sobre como a Etnomatemática pode contribuir para o processo de ensino e aprendizagem de conteúdos matemáticos de forma inclusiva de estudantes surdos. Para isso, os autores afirmam que se torna necessário analisar práticas matemáticas realizadas pela comunidade surda, que é um grupo minoritário e marginalizado.

> A utilização dos conhecimentos dos Surdos, construídos de acordo com a sua cultura, em suas vivências dentro e fora da escola e em diferentes situações da sua vida, pode desenvolver uma

> prática docente conectada com situações-problema enfrentadas no cotidiano. Tais práticas visam a, progressivamente, conduzir os Surdos a situações de aprendizagem que exigirão reflexões complexas e diferenciadas para a identificação de respostas, a reelaboração de concepções e a construção de conhecimento matemático, numa dinâmica interacionista entre professores e alunos (p. 77).

Além disso, podemos entender que ter conhecimentos de matemática pode ser considerado como um instrumento de empoderamento da Cultura Surda. Consequentemente, se os professores elaboram atividades matemáticas que contemplem as características dessa cultura, isso pode favorecer um processo de ensino e aprendizagem que valorize tanto ela quanto seus conhecimentos.

Corrobora com essas afirmações os estudos de Pinheiro e Rosa (2018a; 2018b) e Picoli, Giongo e Lopes (2018), que também abordam atividades matemáticas aplicadas a estudantes surdos. Para o desenvolvimento desses estudos foi considerada a Cultura Surda, porque os autores de ambos os trabalhos entendem que os surdos pertencem a um grupo cultural e que possuem uma língua própria. Esses autores igualmente adotaram a abordagem da Etnomatemática para o desenvolvimento de seus estudos.

Pinheiro e Rosa (2018a, p. 234), apoiados em Strobel, apontam os oito artefatos culturais que ilustram a Cultura Surda. São eles:

> 1) a *experiência visual*, que significa utilização da visão, em substituição total à audição, como um meio de comunicação;
> 2) os aspectos *Linguísticos* da Libras;
> 3) o aspecto *Familiar*, que são os comportamentos próprios das famílias que possuem pessoas Surdas;
> 4) a *Literatura surda*, através da memória das vivências surdas de várias gerações que se traduz em diversos gêneros;
> 5) a *Vida social* e a *esportiva*, que são os relacionamentos socioculturais;
> 6) as *Artes visuais*, como as criações artísticas visuais;
> 7) a *Política*, que consiste em inúmeros movimentos e lutas do povo Surdo pelos seus direitos e;

8) os *Materiais*, que são instrumentos para auxiliar na acessibilidade da vida cotidiana das pessoas Surdas.

Os autores dos dois trabalhos concluem que as atividades, que apresentavam uma contextualização cotidiana sob a perspectiva da Etnomatemática, propiciaram uma aprendizagem de conteúdos nos estudantes surdos. É importante destacar que essa aprendizagem foi possível com o auxílio da Libras, que favoreceu a compreensão dos enunciados e das soluções dos problemas propostos, bem como a autonomia dos estudantes surdos.

E temos ainda o artigo de Jesus, Rahme e Ferrari (2018), que apresenta uma discussão inovadora a respeito de questões sobre a educação matemática e a surdez no contexto da educação indígena. A pesquisa foi realizada com um jovem surdo, Xohã, integrante da aldeia de Pataxó de Barra Velha.

Os autores apontam que existe pouca produção científica sobre a educação especial no contexto da educação indígena. Além disso, a educação dos surdos e a educação indígena são consideradas diferenciadas, nas quais se deve respeitar as culturas e os usos de sua língua. Nesse caso, a temática é da educação multilíngue. Dessa forma, é importante evidenciar que o ensino da matemática escolar nas comunidades indígenas necessita abordar a dimensão intercultural para ser efetivo.

Os dados da pesquisa evidenciaram que Xohã apresentava conhecimentos matemáticos ao se dirigir às comunidades vizinhas com o intuito de realizar a compra e a troca de mercadorias, embora fossem em números muito reduzidos quando comparados aos demais jovens dessa comunidade indígena.

> Considerando o fato de o jovem não se comunicar em Libras, e não ter uma formação escolar, verificamos que seus conhecimentos matemáticos se encontravam diretamente vinculados à resolução de problemas práticos, e mensuráveis pela dimensão visuomanual (p. 736).

Os autores apresentaram dois exemplos de atividades praticadas pelo indígena surdo. Uma delas refere-se à organização da lenha em feixes com uma mesma quantidade de material. Foi verificado que Xohã conseguia fazer esse agrupamento como seu povo fazia. Outro fato relatado está ligado ao mutirão que acontecia para o plantio de mudas de abacaxi pela comunidade indígena. Xohã também participava do mutirão e evidenciava ter a noção do intervalo entre as mudas e do número de mudas de abacaxi que deveria ser plantado por fileira.

Embora o jovem surdo tenha adquirido conhecimentos matemáticos de seu cotidiano, o ambiente escolar apresenta dificuldade em reconhecer que o jovem tenha potencialidades no processo de aprendizagem. E isso também ocorre constantemente com o surdo em escolas brasileiras.

Os processos de ensino e aprendizagem

Ao longo dos anos, não foi raro encontrarmos nas escolas brasileiras surdos que estavam com defasagem em relação à idade-série, bem como em relação aos conteúdos que deveriam conhecer e estar aprendendo. Uma das razões referenciada por muitos professores recorre-se ao fato de as crianças surdas necessitarem de mais tempo para a resolução das operações matemáticas. Alguns outros relatam um atraso no desenvolvimento de habilidades matemáticas por falta de motivação. Dessa forma, muitas crianças apresentam dificuldades para efetuar as quatro operações fundamentais da matemática e resolver problemas, embora demonstrem raciocínio lógico.

Algumas pesquisas identificam que empregar recursos variados, como *softwares* e materiais manipulativos, como Multiplano, favorece a materialização de uma representação matemática e a aprendizagem de conteúdos matemáticos. Como os surdos apresentam boas habilidades gestuais e visuais, isso deveria encorajar o uso de materiais e recursos visuais em sala de aula, como facilitadores na construção do pensamento matemático. Além disso, cenários investigativos também são propícios ao ensino de matemática para surdos (DESSBESEL; SILVA; SHIMAZAKI, 2018).

No estudo de Dessbesel, Silva e Shimazaki (2018) foi verificado que a interação entre o estudante surdo e o não surdo favoreceu a identificação da zona de desenvolvimento proximal de ambos. Além disso, foi apontado que práticas envolvendo o corpo, os signos e os materiais manipulativos propiciaram a construção do pensamento matemático. E, ainda, assinalaram a afetividade como uma parte essencial do processo de aprendizagem do estudante surdo.

Ao considerar pesquisas que tratem de conteúdos matemáticos, o texto de Rodrigues e Geller (2014) apresenta um estudo sobre estratégias utilizadas por uma professora para iniciar o ensino de números com estudantes surdos dos dois primeiros anos do ensino fundamental, em uma unidade especializada na educação de surdos. As autoras fazem uma reflexão sobre a construção do conceito de número nesta faixa etária, e consideram que,

> Para o aluno surdo dessa etapa da escolaridade, esse nem sempre é um processo de aprendizagem fácil, pois muitos desses alunos, ao mesmo tempo que buscam compreender os conceitos matemáticos, estão iniciando a aprendizagem de sua língua materna: a Libras (Língua de Sinais). Os mesmos dedos da mão que são utilizados pelo aluno como apoio para realizar contagens também são empregados na sinalização dos números em Libras (p. 473).

Suas análises restringiram-se, primeiramente, ao uso de materiais de apoio para o ensino de matemática. Isso porque, normalmente, o professor não obtém sucesso com o uso de material didático para despertar o interesse de uma criança. Mas, quando consegue, é importante salientar que, para a aprendizagem se efetivar, é necessária uma atividade mental do estudante, ou seja, não basta apenas que ele manipule o material. As autoras também realizaram uma análise em relação às ações do professor para ensinar conceitos numéricos, principalmente a quantificação de objetos. Nesse ponto, elas assinalam que se deve encorajar a troca de ideias entre as crianças, evitando a simples correção das respostas erradas.

Outros estudos também investigaram o uso de materiais diversificados para o ensino do estudante surdo. Um deles é o estudo de Jesus *et al.* (2016), que analisa a apropriação do conceito de número por estudantes surdos do ensino fundamental da Educação de Jovens e Adultos (EJA), fazendo uso da história da matemática.

A história utilizada com os estudantes retratava um pastor que contava suas ovelhas por meio de associações entre pedras-ovelhas. Com o decorrer da história foi natural inserir o processo de agrupamento das pedras com os estudantes. E, após inserir os agrupamentos, foi natural discutir a necessidade de criação de alguns símbolos para a representação de certas quantidades.

Figura 18: Processo de agrupamento (Jesus *et al.*, 2016, p. 166).

Os autores concluem que fazer uso de histórias da matemática pode motivar os estudantes, surdos ou não, para a apropriação do conceito de número. Apontam também que utilizar histórias favoreceu a interação entre o estudante surdo com os demais estudantes da sala de aula.

Em relação ao processo de negociação de sinais, primeiramente, envolve a ampliação da Libras no campo lexical. E ele deve ser valorizado por favorecer a compreensão de novos conhecimentos matemáticos por estudantes surdos, pois os sinais são construídos e compartilhados coletivamente.

Nesse sentido, Costa, Moreira e Silveira (2015) afirmam que existe uma dificuldade com termos técnicos e específicos da linguagem matemática para Libras.

> O fato de não haver muitos sinais matemáticos traduzidos para a LIBRAS e que os que existem ainda não são amplamente divulgados pelos usuários da língua de sinais, tende a dificultar ainda mais o avanço científico desta área de estudo (p. 78).

Por outro lado, Junior, Geller e Fernandes (2013) chamam a atenção para a contínua criação de sinais pelos professores, pois isso pode resolver provisoriamente os problemas de comunicação, mas temos que ter cuidado para verificar se isso pode representar baixa apreensão de vocabulário das línguas de sinais. Assim, eles propõem o uso de *Signwriting* (SW), ou escrita de sinais para o ensino da matemática.

Outros autores apontam a necessidade de elaboração de um glossário e/ou dicionário de Libras para padronizar sinais matemáticos. E salientam que, embora o surdo possa, muitas vezes, realizar uma leitura labial e tenha o apoio do intérprete, uma grande quantidade de informações não é entendida (Costa; Moreira; Silveira, 2015).

O estudo de Jesus e Thiengo (2015), por sua vez, discute o conceito de divisão com base na comparação de figuras geométricas, ou seja, com a verificação da possibilidade de construir figuras de maior área com figuras de menor área. Para isso, foi utilizado o material pedagógico "Escala Algébrica", composto por figuras geométricas de áreas diferentes.

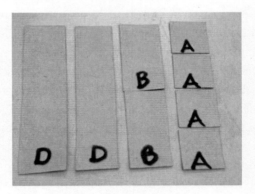

Figura 19: Escala Algébrica (JESUS; THIENGO, 2015, p. 199).

Ainda em relação ao uso de materiais, o trabalho de Pinheiro e Rosa (2018b) aborda um produto educacional direcionado para professores para o aprendizado de conteúdos vinculados à Educação Financeira de estudantes surdos.

O produto educacional é um caderno de sugestões com a apresentação de algumas atividades matemáticas relacionadas com a História da Moeda, o Sistema Monetário Brasileiro, a Porcentagem, o Lucro e o Desconto.

> Optamos também pela utilização de enunciados curtos na elaboração das situações-problema propostas devido à dificuldade que muitos desses alunos apresentaram em relação ao português escrito. Procuramos também valorizar as habilidades visuais desses alunos com a utilização de diversas imagens por meio da adaptação de dinâmicas metodológicas que pudessem contribuir para o desenvolvimento do conhecimento matemático e, consequentemente, da educação financeira dessa população escolar (p. 311).

O trabalho de Alberton e Thoma (2015) salienta a necessidade de o professor de matemática ter conhecimentos sólidos de matemática e específicos sobre a educação de surdos e sua cultura. Particularmente, o professor precisa conhecer a língua de sinais para poder se comunicar com eles.

No entanto, a carga horária disponibilizada na disciplina de Libras nos cursos de licenciatura no Brasil ainda é pequena para um aprofundamento da língua. Muitas vezes a proposta dessa disciplina aborda outras questões além da língua de sinais. Porém, todos concordam que os futuros professores devem conhecer pelo menos o básico de Libras, porque isso favorece a constituição de uma sala de aula inclusiva. Não obstante, muitos admitirem que não é a inserção de uma disciplina que trate do ensino de Libras no currículo dos cursos de licenciatura que fará o professor ter proficiência em Libras para lecionar para estudantes surdos nas salas de aula regulares (BORGES; NOGUEIRA, 2013).

Na realidade, o professor deve ter a preocupação em organizar atividades que favoreçam a aprendizagem do estudante surdo e sua autonomia, além disso, o desconhecimento de Libras pelos professores impede que haja qualquer relação entre professor e estudantes surdos.

Uma comunicação de qualidade em contextos de aprendizagem, que envolvem estudantes surdos, reverterá em benefícios para todos os estudantes da sala de aula, pois qualquer estudante pode apresentar dificuldades com a linguagem utilizada pelo professor e com a linguagem matemática (BORGES; NOGUEIRA, 2013).

Por outro lado, com a falta de sinais para alguns conteúdos e representações matemáticas, o estudante, o professor e o intérprete acabam negociando os sinais, e esse processo, muitas vezes, pode acarretar resultados positivos a curto prazo para a aprendizagem do estudante surdo (DESSBESEL; SILVA; SHIMAZAKI, 2018).

Já Nogueira e Zanquetta (2008) apresentam uma investigação que contribui para as discussões a respeito do desenvolvimento cognitivo de adolescentes surdos. As autoras observaram que os estudantes bilíngues possuem um vocabulário quantitativamente superior quando comparados aos estudantes "oralistas". Verificaram também que os estudantes bilíngues possuíam na pesquisa um conhecimento escolar mais abrangente, mas isso não se traduzia em avanços substanciais.

Além disso, as autoras salientam que um possível sucesso escolar do estudante surdo em matemática tem amparo no ensino tradicional que acontece nas escolas regulares, "caracterizado pela preocupação de 'passar' definições, regras, técnicas, procedimentos e nomenclaturas da maneira mais rápida possível" (p. 233).

Ainda nesse tópico, destacamos a discussão que Borges e Nogueira (2013) apresentam em uma revisão da literatura do ensino de matemática para surdos. Os pesquisadores apontam que colocar Libras como primeira língua não garantirá que o estudante surdo terá um processo de ensino e aprendizagem de qualidade, pois existem diversos problemas apontados por diversos autores a respeito da língua de sinais, como o uso de Libras pelo professor e pelo intérprete.

O papel do intérprete

Temos ainda alguns estudos que investigaram o papel do intérprete para a efetivação do processo de ensino e aprendizagem de conteúdos matemáticos envolvendo o estudante surdo.

Um aspecto discutido por Borges e Nogueira (2016) refere-se à regulamentação pelo Governo Federal da profissão de Tradutor e Intérprete de Língua Brasileira de Sinais (TILS), por meio da

Lei n. 12.319 (Brasil, 2010b). Embora esteja regulamentada a profissão, muitos intérpretes sugerem que deveria existir uma formação específica para os que forem atuar em salas de aula, pois é diferente de atuar com surdos adultos.

Além disso, os autores refletem sobre a possibilidade de discutir questões específicas da escola nessa formação. Se for atuar em sala de aula dos anos iniciais do ensino fundamental, eles ainda enfatizam a necessidade de existir uma formação mais específica, pois os estudantes ainda estão em fase de aprendizagem da língua de sinais.

Outro aspecto refere-se às disciplinas, nas quais o intérprete possui dificuldades. É de conhecimento de todos que não existem sinais em Libras para diversos conceitos matemáticos. Mas, muitas vezes, por possuírem conhecimentos sobre os assuntos trabalhados em sala de aula, devido à sua formação inicial, ou não, os intérpretes criam novos sinais para os conteúdos, o que favorece o processo de aprendizagem imediato do surdo.

Nesse sentido, a tradução feita pelo intérprete é um desafio e envolve jogos de linguagem, ou seja, "a pessoa que traduzir uma mensagem para o surdo deve dominar a língua portuguesa, a linguagem matemática e a Libras para que ocorra a tradução eficiente" (Costa; Silveira, 2014, p. 79). Assim, a presença de um intérprete em sala de aula para acompanhar o estudante surdo não garante que seu aprendizado se efetive.

Em relação à aprendizagem em matemática pelo estudante surdo, é importante frisar que a responsabilidade direta pelo ensino de matemática é do professor e não do intérprete, que não possui obrigatoriamente uma formação para uma atuação pedagógica adequada. Além disso, é constatado que os intérpretes, normalmente, não têm envolvimento nos planejamentos escolares.

Outro estudo de Borges e Nogueira (2016) investiga o ensino de Matemática para estudantes surdos mediado por intérprete, buscando entender a interpretação feita pela intérprete das aulas de uma professora de matemática.

O conteúdo trabalhado nas aulas observadas foi a equação do segundo grau. Constatou-se um tradicionalismo matemático ao abordar temas algébricos, caracterizando um limitador do aprendizado dos estudantes surdos. Os autores entendem o tradicionalismo por uma explanação do professor, com definição, exemplos e exercícios, e pela ausência de questionamentos voltados aos estudantes, ouvintes ou não.

Sabemos da dificuldade na passagem da língua utilizada no cotidiano para o uso da linguagem matemática formal, junto a esse fato há o uso de termos inadequados nas aulas de matemática pelos intérpretes, que não transmitem ao estudante surdo o real significado dos enunciados e procedimentos. Nessa situação, a aprendizagem do estudante surdo será muito mais difícil de ocorrer.

Além disso, foi identificado um descompasso entre a aula da professora de matemática ouvida e a sinalizada pela intérprete.

> Em outras palavras, notamos momentos em que a professora continuava a discutir as atividades e a intérprete se mantinha em "silêncio", e, da mesma forma, momentos em que a professora não estava falando, mas a intérprete continuava as discussões com os alunos surdos (p. 489).

Assim, percebe-se um diálogo do estudante surdo restrito à intérprete de Libras, que lhe acarreta uma dupla tarefa, a de interpretar e de ensinar matemática. Dessa forma, o professor de matemática acaba por questionar e esclarecer dúvidas apenas dos estudantes ouvintes.

Essas constatações nos fazem considerar que professores e intérpretes devem promover um diálogo constante fora da sala de aula para uma diversificação de metodologias de ensino por parte do professor durante as aulas, que necessitam considerar as características da Cultura Surda. As estratégias devem privilegiar esquemas, tabelas, gráficos, desenhos, ou seja, características visuais, e não se restringir a textos e símbolos nos enunciados matemáticos. Essa discussão está diretamente relacionada ao papel exercido pelos intérpretes na dinâmica escolar: são eles considerados agentes educacionais ou apenas apoio técnico?

Identificamos ainda estudos que investigaram outras temáticas relacionadas ao estudante surdo. Menezes e Santos (2018) investigaram a transposição didática interna no ensino do conjunto de números naturais para estudantes surdos do ensino médio.

Inicialmente, eles também ressaltam que as leis que regem a presença de intérpretes nas salas de aula não indicam a necessidade de uma formação específica do intérprete de Libras para atuar no ambiente escolar, muito menos em relação às aulas que acompanhará.

Os autores apontam que os intérpretes realizam uma reorganização do conteúdo ensinado pelo professor, por meio de adaptações, supressões e acréscimos de informações, caracterizando uma nova transposição didática interna. Assim, o intérprete transforma o saber verbalizado pelo professor em um novo saber mediante a tradução e interpretação para outros símbolos de Libras, que pode gerar outros obstáculos de aprendizagem devido às limitações do léxico da língua de sinais. Nesse sentido, argumentam a necessidade de modificações das relações didáticas devido à presença do intérprete na sala de aula.

Já o estudo de Rocha e Santos (2017) apresenta uma investigação com estudantes surdos de uma universidade pública, verificando se eles têm sido atendidos em suas necessidades linguísticas e pedagógicas em cursos de graduação.

O estudo apontou que o intérprete educacional de Libras, termo utilizado por Lacerda (2009), pode realizar seu trabalho de maneira mais segura se receber com antecedência dos professores os materiais que serão envolvidos no ensino dos conteúdos da aula. Outro aspecto refere-se à permanência deles durante as avaliações em sala de aula, principalmente para o entendimento dos enunciados.

Os estudantes surdos pesquisados por Rocha e Santos (2017) também se posicionaram sobre seus professores dos cursos de graduação.

> A relação do aluno surdo com seus professores, apesar de harmoniosa para a *maioria*, é negada pela falta de interesse destes no aprendizado da língua de sinais, na falta de compreensão destes quanto ao uso de recursos visuais e à disponibilização de tempo extra e à correção diferenciada dos aspectos semânticos dos alunos surdos nas avaliações escritas (p. 840).

E sobre os núcleos de acessibilidade, foi apontada a necessidade de estarem mais próximos às dificuldades enfrentadas pelos estudantes surdos para favorecer a permanência deles na universidade. Os autores elencam, ainda, alguns aspectos importantes também para a permanência dos estudantes surdos: adaptação de materiais, formação continuada do docente e carga horária dos intérpretes.

Este capítulo buscou apresentar os estudos selecionados em nossa pesquisa no sentido de identificar os caminhos trilhados pelos pesquisadores que investigaram a deficiência auditiva, mais especificamente identificamos trabalhos que investigaram a surdez. Delineamos, assim, uma reflexão que revelou as tendências dos estudos sobre a deficiência auditiva por pesquisadores da área da Educação Matemática.

Uma das orientações identificada refere-se ao papel de mediação exercido pela língua de sinais, Libras, para a aprendizagem e a comunicação. Constatamos, ainda, que a maior parte dos estudos investigou processos de ensino e aprendizagem de conteúdos matemáticos para estudantes surdos, que envolveu o desenvolvimento de materiais pedagógicos, a atuação de professores e conteúdos diversos.

Muitos pesquisadores fazem referência ao papel do intérprete, entretanto, são poucos ainda os que investigam as consequências de sua atuação em sala de aula. E queremos assinalar que estudos que se debruçam sobre a Cultura Surda, por si só, e em outras culturas, são emergentes. Além disso, como ocorreu com as pesquisas sobre a deficiência visual, materiais sobre o estudante com deficiência auditiva, mais especificamente o surdo, no ensino superior ainda são escassos.

Últimas reflexões: o diálogo para o mundo pós-pandemia

Pode-se, certo, ajudar o outro a tomar consciência,
mas uma tomada de consciência é mais do que um conhecimento:
trata-se de um ato reflexivo que mobiliza a consciência de si e engaja o
sujeito numa reorganização crítica do seu conhecimento ou
mesmo na interrogação dos seus pontos de vista fundamentais.
Edgar Morin (1999, p. 233).

No Brasil, podemos observar que tem ganhado muita força a terminologia *Educação Matemática Inclusiva* na produção científica que resulta das pesquisas e dos estudos realizados no âmbito da Educação Matemática e que se fundamentam, principalmente, em pressupostos da Educação Especial (MOREIRA; MANRIQUE; MARANHÃO, 2016). Isso revela a maneira como se deram os primeiros encaminhamentos no território brasileiro e reflete claramente a forma como a Educação Matemática iniciou o seu diálogo com a Educação Inclusiva, tomando como primeiros tópicos a serem discutidos os relacionados à Educação Especial.

O que hoje denominamos como Educação Matemática Inclusiva compreende diversas outras questões, além das que são mais íntimas da Educação Especial. O movimento de Educação Inclusiva que emerge na Educação Matemática proporcionou, nos últimos anos, uma atenção aos grupos que se destacam nos diferentes sistemas excludentes, provocados por diferentes processos que se formam no âmbito social e histórico da humanidade. Ou seja, abarca todos os grupos minoritários, vulneráveis, excluídos e rejeitados, que também desejam reconhecimento no ambiente educacional e exigem respeito, justiça social e consideração pedagógica para com as suas diferenças. Assim, por meio da pauta da Educação Inclusiva, questões étnico-raciais e as relacionadas a gênero passam a ser entendidas como as de grupos incluídos nas discussões de natureza didática e pedagógica no sistema educacional brasileiro.

Dessa maneira é que entendemos os estudantes reconhecidos como sendo da Educação Especial, compondo um dos grupos que experimentam diferentes processos de exclusão na história, e que agora são incluídos no sistema educacional brasileiro, junto a outros grupos que também por meio de suas marcas de exclusão têm seus próprios arcabouços históricos e identitários, constituídos ao longo dos anos e dignos de atenção no ambiente escolar.

Nesta nova tendência que observamos na Educação Matemática Inclusiva, um dos pontos que merece destaque é a preocupação em proporcionar recursos, estratégias, reflexões e outros benefícios que não são direcionadas para apenas um estudante em específico, mas para todos os estudantes (LIMA; MANRIQUE, 2017), fazendo uma imersão na diversidade humana em que os estudantes se inserem.

Um dos temas que também nos chamou a atenção, por considerarmos emergente nos estudos pesquisados, relaciona-se às pesquisas sobre diferentes Culturas e contextos, por exemplo, a Cultura Surda, a Cultura Indígena, as Multiculturas, em especial os estudos que se ancoram na Etnomatemática. Segundo D'Ambrosio (2019, p. 20), "as distintas maneiras de fazer [práticas] e de saber [teorias] caracterizam uma cultura". Dessa forma, acreditamos que novas pesquisas devam surgir nessa direção.

Na conjuntura do estudo das práticas, apontamos os trabalhos que refletem sobre o importante tópico da formação de professores como um ponto a ser ressignificado e adequado às necessidades observáveis no cotidiano escolar brasileiro, que se mostra por meio dos desafios e das dificuldades enfrentados pelo professor que ensina matemática na perspectiva inclusiva. Reconhecemos que esta não é uma tarefa fácil e de rápida execução, porém necessária e importante.

Outros estudos buscam identificar dificuldades de aprendizagem de estudantes em relação aos diferentes conteúdos matemáticos nos diversos níveis de ensino (GALVÃO, 2017; MAMCASZ-VIGINHESKI *et al.*, 2017). As propostas apresentadas nesses estudos se diversificam quanto a estratégias, abordagens e referenciais teóricos; no entanto, observamos ser muito válido um investimento nas novas tecnologias, como alguns pesquisadores já fazem (SEIBERT; GROENWALD, 2011; SGANZERLA; GELLER, 2018), acompanhando assim uma tendência que temos observado no cenário internacional nos últimos anos.

As pesquisas e experiências que apresentamos no livro foram realizadas em um período anterior à pandemia de covid-19, no qual a elaboração, a idealização, o estudo, a pesquisa e, porque não dizer, a experiência humana, processavam-se através de relações e interações baseadas principalmente na proximidade e no contato humano. No entanto, lançamos esta obra em um momento que esses processos são colocados em xeque e novos questionamentos surgem.

Assim, revelamos aqui nossa preocupação em expressar as reflexões assumidas como últimas nesta obra, considerando o momento atípico em que vivemos atualmente às portas de mais uma década do nosso século, momento esse que provoca discussões significativas no diálogo entre a Educação Matemática e a Educação Especial em uma perspectiva inclusiva. Como apresentado nos primeiros capítulos, ao longo das duas últimas décadas esse diálogo conquistou um campo de discussão importante, e agora precisamos pensar em como esse campo se constituirá nos próximos anos.

No que se refere aos efeitos da pandemia provocados pela covid-19, já existem estudos publicados em diferentes países introduzindo tópicos de discussão que se mostram como promissores na Educação Matemática, tais como a necessidade de superação de barreiras que se revelaram no desenvolvimento de uma aprendizagem on-line; compreensão de como a internet está transformando a sala de aula de matemática; reorganização do calendário escolar que efetive uma educação de qualidade (ENGELBRECHT; LLINARES; BORBA,

2020; Mailizar; Maulina; Bruce, 2020; Mulenga; Marbán, 2020; Sintema, 2020).

Outro ponto, que também se destaca no tempo de pandemia que vivenciamos ao publicar esta obra, é a forma como as ferramentas tecnológicas assumem um papel importante na dinâmica educacional (Borba; Malheiros; Amaral, 2011). Mas, já estávamos preparados? Segundo Engelbrecht *et al.* (2020, p. 822), existem poucos estudos relacionados à educação on-line para a educação básica. E eles colocam a seguinte questão: "quais são as implicações dessa nova situação para a formação de professores de matemática? Como nossa atual formação de professores deve ser adaptada para fazer frente a esses novos desafios?".

Grande parte dos professores da educação básica não tinha muita experiência no ensino on-line, mas teve que transformar suas aulas presenciais e converter seus lares em salas de aula. Além dos problemas que já enfrentavam em suas aulas presenciais, novas demandas surgiram nessa nova configuração do ensino, bem como o sentimento de isolamento e desconforto em trabalhar dessa nova forma. Apesar de tudo isso, os professores estão fazendo a diferença. Mas, quando se pensa nos estudantes público-alvo da Educação Especial incluídos nas salas de aula regulares, outras exigências são requeridas.

Em relação às instituições, foi possível identificar em poucas delas a disponibilização de materiais de aprendizagem para serem baixados gratuitamente na internet, o empréstimo de computadores para estudantes de baixa renda, e também a oferta de pacote de dados para que os estudantes pudessem acessar a internet (Engelbrecht *et al.*, 2020). Mas somente isso não é suficiente para os estudantes considerados na Educação Especial.

Um número significativo de estudantes realiza atividades de natureza educacional se apoiando, principalmente, em tecnologias assistivas, como, por exemplo, acionadores para o mouse e teclados adaptados, recursos que promovem a acessibilidade quanto ao uso de computadores. Essas tecnologias geralmente são disponibilizadas nas Salas de Recursos Multifuncionais e utilizadas pelos estudantes presencialmente nesses espaços. Assim, pensarmos na reprodução dessas atividades na modalidade à distância se torna uma tarefa complexa, já que elementos fundamentais, como o papel de mediação realizado pelo professor e até mesmo a posse dessas tecnologias e o saber especializado que referencia o seu uso, são elementos minimizados ou inexistentes na proposta de atividades a distância.

Nesse sentido, quando pensamos no desenvolvimento de atividades com os estudantes público-alvo da Educação Especial, propormos estratégias e recursos que promovam o ensino em situação de isolamento social, torna-se uma tarefa complexa e difícil, dadas as particularidades não apenas das especificidades desses estudantes, mas também dos contextos sociais e econômicos em que eles estão inseridos. Considerando que temos estudantes público-alvo da Educação Especial sendo atendidos nesse período de pandemia, estudos precisam ser realizados sobre essa situação de ensino e aprendizagem.

Atualmente, novas tecnologias, como a utilização de dispositivos móveis e aplicativos, mostram-se como potencializadoras do ensino e da aprendizagem de matemática com uma perspectiva inclusiva. No entanto, mesmo essas tecnologias, assim como demonstram nossas experiências de formação continuada com professores de educação básica nos últimos anos (VIANA; FERREIRA; MANRIQUE, 2020), exigem um processo de desenho pedagógico do uso desses dispositivos e aplicativos.

Esse processo envolve um olhar especializado do professor de matemática e de outras áreas de conhecimento, que se ancora em discussões coletivas e fundamentadas no conhecimento profissional que constitui a epistemologia do professor. Essa epistemologia, assim como Pais (2011) explica, pode ser definida como as concepções que conduzem a postura pedagógica do professor em relação à forma como os estudantes aprendem a matemática. Esse conhecimento profissional, intimamente relacionado às práticas pedagógicas, é o que observamos como essencial para que não banalizemos o ensino de matemática com uma perspectiva inclusiva com a simples inserção e utilização de diferentes dispositivos móveis e aplicativos.

É importante salientar que as atividades com intencionalidade de natureza pedagógica e didática, no uso dessas novas tecnologias, não se restringem apenas à sua utilização, mas se ampliam com processos de planejamento, desenho de utilização, análise coletiva das expectativas, necessidades e questionamentos quanto ao uso no âmbito das diferenças humanas. A associação dessas tecnologias com outras atividades, estratégias e recursos também pode permitir o alcance eficaz dos objetivos previstos no percurso escolar.

Dessa forma, pensar na utilização de tecnologias no âmbito da Educação Especial constitui-se um cenário que nos inquieta, mas que nos provoca a reflexão sobre como essas tecnologias têm sido idealizadas e desenvolvidas no âmbito educacional. Acreditamos que esse é o momento de ampliarmos o diálogo apresentado nos capítulos anteriores a partir de investigações que permitam o desenvolvimento de novas tecnologias, dentro do contexto em que serão usadas, e não dos interesses de atendimento de um "público padrão" e em larga escala.

Assim, terminamos nossas últimas reflexões trazendo esses apontamentos, não com a finalidade de divulgar uma carta de verdades, mas, sim, de convidar a comunidade de educadores matemáticos e especialistas de outras áreas do conhecimento a pensar sobre como o diálogo entre a Educação Matemática e a Educação Especial se consolidará nos próximos anos.

Referências

ABDALLA, A. P. *Representações de professores sobre a inclusão escolar*. (Mestrado em Educação Matemática). 128 f. Universidade Estadual Paulista, Instituto de Geociências e Ciências Exatas. Programa de Pós-Graduação em Educação Matemática, 2016.

ALBERTON, B. F. A., THOMA, A. S. Matemática para a cidadania: discursos curriculares sobre educação matemática para surdos. *Revista Reflexão e Ação*, Santa Cruz do Sul, v. 23, n. 3, p. 218-239, Set./Dez. 2015.

AMADO, N.; CARRERA, S.; FERREIRA, R. T. *Afeto em competições matemáticas inclusivas*: a relação dos jovens e suas famílias com a resolução de problemas. Coleção Tendências em Educação Matemática. Belo Horizonte: Autêntica Editora, 2017.

ANDREZZO, K. L. *Um estudo do uso de padrões figurativos na aprendizagem de álgebra por alunos sem acuidade visual*. 230 f. Dissertação (Mestrado em Educação Matemática) – Pontifícia Universidade Católica de São Paulo, São Paulo, 2005.

ANJOS, D. Z. *Da tinta ao Braille*: estudo de diferenças semióticas e didáticas dessa transformação no âmbito do código matemático unificado para a língua portuguesa – CMU e do livro didático em Braille. (Mestrado em Educação Científica e Tecnológica). 161 f. Universidade Federal de Santa Catarina, Programa de Pós-Graduação em Educação Científica e Tecnológica, 2015.

ARAÚJO, M. M. *O ensino de números decimais em uma classe inclusiva do ensino fundamental*: uma proposta de metodologias visando à inclusão. 402 f. Tese (Doutorado em Educação em Ciência e Matemática) – Universidade Federal do Mato Grosso, Programa de Pós-Graduação de Educação em Ciências e Matemática, da Rede Amazônica de Educação em Ciências e Matemática, 2017.

BANDEIRA, S. M. C. Olhar sem os olhos e as Matrizes: conexões entre a educação matemática e a neurociência. *Perspectivas da Educação Matemática*, INMA/UFMS, v. 11, n. 27, p. 820-841, 2018.

BATISTA, E. F. *Estratégias utilizadas por um grupo de estudantes surdos ao resolver atividades envolvendo noções de função*. 151 f. Dissertação (Mestrado em Ensino de Ciências e Matemática) – Instituto Federal de Educação, Ciência e Tecnologia de São Paulo, 2016.

BIAGINI, B. *Atividades experimentais com crianças cegas e videntes em pequenos grupos*. 189 f. Dissertação (Mestrado em Educação Científica e Tecnológica) – Universidade Federal de Santa Catarina, Programa de Pós-Graduação em Educação Científica e Tecnológica, 2015.

BICUDO, M. A. V.; GARNICA, A. V. M. *Filosofia da educação matemática*. Coleção Tendências em Educação Matemática. Belo Horizonte: Autêntica Editora, 2011.

BILL, L. B. *Educação das pessoas com deficiência visual*: uma forma de enxergar. Curitiba: Appris, 2017.

BOHM, D. Diálogo: comunicação e redes de convivência. São Paulo: Palas Athena, 2005.

BORBA, M. C.; MALHEIROS, A. P. S.; AMARAL, R. B. *Educação a Distância online*. 3. Ed. Belo Horizonte: Autêntica, 2011.

BORBA, R. E. S. R. Antes que seja tarde: aprendendo Combinatória desde o início da escolarização. *Em Teia – Revista de Educação Matemática e Tecnológica Iberoamericana*, v. 7, n. 1, 2016.

BORGES, F. A., NOGUEIRA, C. M. I. Quatro aspectos necessários para se pensar o ensino de matemática para surdos. *Em Teia – Revista de Educação Matemática e Tecnológica Iberoamericana*, v. 4, n. 3., p. 1-19, 2013.

BORGES, F. A., NOGUEIRA, C. M. I. Das palavras aos sinais: o dito e o interpretado nas aulas de Matemática para alunos surdos inclusos. *Perspectivas da Educação Matemática*, INMA/UFMS, v. 9, n. 20, p. 479-500, 2016.

BRASIL. Constituição da república federativa do Brasil de 1988. Diário Oficial [da] União, Brasília, DF, 5 out. 1988.

BRASIL. *Lei n. 8069, de 13 de julho de 1990*. Dispõe sobre o Estatuto da Criança e do Adolescente e dá outras providências. Diário Oficial [da] União, Brasília, DF, 16 jul. 1990.

BRASIL. *Educação especial no Brasil*. Série Institucional. n. 2. Brasília: MEC/SEESP, 1994a.

BRASIL. *Declaração de Salamanca*: sobre princípios, políticas e práticas na área das necessidades educativas especiais. Brasília: MEC: 1994b.

BRASIL. *Lei n. 9.394, de 20 de dezembro de 1996*. Lei de Diretrizes e Bases da Educação Nacional. Ministério da Educação.

Referências

BRASIL. *Parâmetros curriculares nacionais*: adaptações curriculares. Brasília: MEC/SEF/SEESP, 1998.

BRASIL. *Lei n. 10.098, de 19 de dezembro de 2000*. Estabelece normas gerais e critérios básicos para a promoção da acessibilidade das pessoas portadoras de deficiência ou com mobilidade reduzida, e dá outras providências. Diário Oficial [da] União, DF, 20 dez. 2000.

BRASIL. *Decreto n. 3.956, de 8 de outubro de 2001*. Promulga a convenção interamericana para a eliminação de todas as formas de discriminação contra as pessoas portadoras de deficiência. Diário Oficial [da] União, DF, 9 out. 2001a.

BRASIL. *Lei n. 10.172, de 9 de janeiro de 2001*. Aprova o Plano Nacional de Educação e dá outras providências. Diário Oficial [da] União, DF, 10 jan. 2001b.

BRASIL. *Resolução CNE/CEB n. 2, de 11 de setembro de 2001*. Institui diretrizes nacionais para a educação especial na educação básica. Brasília, 2001c.

BRASIL. *Lei n. 10.436, de 24 de abril de 2002*. Dispõe sobre a Língua Brasileira de Sinais – Libras e dá outras providências. Diário Oficial [da] União, DF, 25 abr. 2002a.

BRASIL. *Portaria MEC n. 2678, de 24 de setembro de 2002*. Aprova o projeto da Grafia Braille para a Língua Portuguesa e recomenda o seu uso em todo o território nacional. 2002b.

BRASIL. *Ensaios pedagógicos*. Brasília: Ministério da Educação, Secretaria de Educação Especial, 2006a.

BRASIL. *Sala de recursos multifuncionais*: espaço para atendimento educacional especializado. Brasília: MEC/SEESP, 2006b.

BRASIL. *Saberes e práticas da inclusão*: avaliação para identificação das necessidades educacionais especiais. 2. ed. Brasília: MEC, Secretaria de Educação Especial, 2006c.

BRASIL. *Política nacional de educação especial na perspectiva da educação inclusiva*. Documento elaborado pelo Grupo de Trabalho nomeado pela Portaria n. 555/2007, prorrogada pela Portaria n. 948/2007, entre ao Ministro da Educação em 07 de janeiro de 2008. Brasília: MEC, 2008.

BRASIL. *Resolução n. 4, de 2 de outubro de 2009*. Institui diretrizes operacionais para o atendimento educacional especializado na educação básica, modalidade educação especial. MEC/CNE/CEB, 2009.

BRASIL. *Manual de orientação*: programa de implantação de sala de recursos multifuncionais. Brasília: MEC, 2010a.

BRASIL. *Lei n. 12.319. Regulamenta a profissão de Tradutor e Intérprete da Língua Brasileira de Sinais – Libras*. Brasília: DOU, 1 set. 2010b.

BRASIL. *Decreto n. 7.611, de 17 de novembro de 2011*. Dispõe sobre a educação especial, o atendimento educacional especializado e dá outras providências. Diário Oficial [da] União, DF, 18 nov. 2011.

BRASIL. *Lei n. 12.764, de 27 de dezembro de 2012*. Institui a política nacional de proteção dos direitos da pessoa com transtorno do espectro autista. Diário Oficial [da] União, DF, 28 dez. 2012.

BRASIL. *Lei n. 12.796, de 4 de abril de 2013*. Altera a Lei n. 9.394, de 20 de dezembro de 1996, que estabelece as diretrizes da educação nacional, para dispor sobre a formação dos profissionais da educação e dar outras providências. Diário Oficial [da] União, DF, 5 abr. 2013.

BRASIL. *Nota técnica MEC/SECADI/DPEE n. 04, de 23 de janeiro de 2014*. Orientação quanto a documentos comprobatórios de alunos com deficiência, transtornos globais do desenvolvimento e altas habilidades/superdotação no Censo Escolar. Brasília: DOU, 2014.

BRASIL. *Lei n. 13.146, de 6 de julho de 2015*. Institui a Lei Brasileira de Inclusão da Pessoa com Deficiência (Estatuto da Pessoa com Deficiência). Diário Oficial [da] União, DF, 7 jul. 2015.

BRITO, J.; CAMPOS, J. A. P. P.; ROMANATTO, M. C. Ensino da matemática a alunos com deficiência intelectual na educação de jovens e adultos. *Revista Brasileira de Educação Especial*, Marília, v. 20, n. 4, out./dez, 2014. p. 525-540.

CADER-NASCIMENTO, F. A. A. A.; COSTA, M. P. R. *Descobrindo a surdocegueira: educação e comunicação*. [on-line]. São Carlos: EdUFSCar, 2010.

CALORE, A. C. O. *As "ticas" de "matema" de cegos sob o viés institucional: da integração à inclusão*. 120 f. Dissertação (Mestrado em Educação Matemática) – Instituto de Geociências e Ciências Exatas, Universidade Estadual Paulista, Rio Claro, 2008.

CARDOSO, E. R. *Afetividade, gênero e escola*: um estudo sobre a exclusão de meninos no sexto ano do ensino fundamental, com enfoque na disciplina de matemática. (Doutorado em Educação para a Ciência e a Matemática). 225 f. Universidade Estadual de Maringá, 2015.

CARGNIN, C.; FRIZZARINI, S. T.; AGUIAR, R. Trajetória de um aluno autista no ensino técnico em informática. *Ensino em Re-Vista*, Uberlândia, v. 25, n. 3, 2018. p. 790-809.

CARNEIRO, K. T. A. *Cultura surda na aprendizagem matemática: o som do silêncio em uma sala de recurso multifuncional*. 280 f. Dissertação (Mestrado em Educação em Ciências e Matemáticas) - Universidade Federal do Pará, Belém, 2009.

CHEQUETTO, J. J.; GONÇALVES, A. F. S. Possibilidades no ensino de matemática para um aluno com autismo. *Revista Eletrônica Debates em Educação Científica e Tecnológica*, v. 5, n. 2, out. 2015. p. 206-222.

COBB, P. *Putting philosophy to work*: coping with multiple theoretical perspectives. In: LESTER, F. K. (Ed.). Second Handbook of Research on Mathematics Teaching and Learning. Greenwich: Information Age Publishing, 2007. p. 3-38.

CORDEIRO, J. P. *Dos (des)caminhos de Alice no país das maravilhas ao autístico mundo de Sofia*: a matemática e o teatro dos absurdos. 186 f. Dissertação (Mestrado em Educação em Ciências e Matemática) – Instituto Federal do Espírito Santo, Programa de Pós-Graduação em Educação em Ciências e Matemática, 2015.

CORRÊA, A. M. P. *A divisão por alunos surdos*: ideias, representações e ferramentas matemáticas. 105 f. Dissertação (Mestrado Profissional em Educação Matemática)– Universidade Federal de Juiz de Fora, Programa de Mestrado Profissional em Educação Matemática, 2013.

COSTA, M. P. R. Iniciação à matemática para o aluno portador de deficiência mental: treinamento dos conceitos básicos. In: ENCONTRO NACIONAL DE EDUCAÇÃO MATEMÁTICA, III., 1990, Natal. *Anais...* Natal: Universidade Federal do Rio Grande do Norte, 1993. p. 89.

COSTA, A. B.; PICHARILLO, A. D. M.; ELIAS, N. C. Habilidades matemáticas em pessoas com deficiência intelectual: um olhar sobre os estudos experimentais. *Revista Brasileira de Educação Especial*, Marília, v. 22, n. 1, jan./mar., 2016. p. 145-160.

COSTA, C. S.; SOUZA, M. C. A. O aluno com deficiência intelectual e a resolução de problemas. *Educação Matemática em Revista*, n. 47, dez., 2015. p. 29-37.

COSTA, W. C. L.; MOREIRA, I. M. B., SILVEIRA, M. R. A. Ensino de matemática X alunos surdos: uma equação sem resultados? *BoEM*, Joinville, v. 3. n. 4, p. 66-80, jan./jul. 2015.

COSTA, W. C. L.; SILVEIRA, M. R. A. Desafios da comunicação no ensino de matemática para alunos surdos. *BoEM*, Joinville, v. 2. n. 2, p. 72-87, jan./jul. 2014.

CRUZ, A. P. *et al.* Adaptando o Fantan: Uma Possibilidade para organizar o Ensino de Divisão Euclidiana para Estudantes com Deficiência Visual. *Perspectivas da Educação Matemática*, INMA/UFMS, v. 11, n. 27, p. 916-932-879, 2018.

D'AMBROSIO, U. *Etnomatemática*. São Paulo: Autêntica, 2019.

DELABONA, S. C.; CIVARDI, J. A. Conceitos geométricos elaborados por um aluno com síndrome de Asperger em um laboratório de matemática escolar. *Revista Paranaense de Educação Matemática*, Campo Mourão, v. 5, n. 9, jul./dez., 2016. p. 203-232.

DESSBESEL, R. S.; SILVA, S. C. R.; SHIMAZAKI, E. M. O processo de ensino e aprendizagem de Matemática para alunos surdos: uma revisão sistemática. *Ciênc. Educ.*, Bauru, v. 24, n. 2, p. 481-500, 2018.

EHLICH, K. Discurso escolar: diálogo? *Cadernos De Estudos Linguísticos*, v. 11, p. 145-172, 1986.

ENGELBRECHT, J.; LLINARES, S.; BORBA, M. C. Transformation of the mathematics classroom with the internet. Special issue of ZDM Mathematics Education "Online mathematics education and e-learning". *ZDM*. v. 52, n. 5, September, p. 825-841, 2020.

ENGELBRECHT, J. *et al*. Will 2020 be remembered as the year in which education was changed. Editorial. Special issue of ZDM Mathematics Education "Online mathematics education and e-learning". *ZDM*. v. 52, n. 5, September, p. 821-824, 2020.

FADDA, G. M.; CURY, V. E. O enigma do autismo: contribuições sobre a etiologia do transtorno. *Psicologia em Estudo*, Maringá, v. 21, n. 3, p. 411-423, jul./set., 2016.

FARIAS, S. S. P.; MAIA, S. R. O surdocego e o paradigma da inclusão. *Inclusão*: *Revista de Educação Especial*, v. 1, n. 1, p. 26-29, out. 2005.

FERNANDES, S. H. A. A. *Uma análise vygotskiana da apropriação do conceito de simetria por aprendizes sem acuidade visual*. 322 f. Dissertação (Mestrado em Educação Matemática) – Pontifícia Universidade Católica de São Paulo, São Paulo, 2004.

FERREIRA, G. L. *O design colaborativo de uma ferramenta para representação de gráfico por aprendizes sem acuidade visual*. 104 f. Dissertação (Mestrado em Educação Matemática) – Pontifícia Universidade Católica de São Paulo, São Paulo, 2006.

FERREIRA, G. L. *A relação das professoras da sala de recursos/apoio e da sala regular para o ensino de matemática*. Tese (Doutorado em Educação Matemática) – Pontifícia Universidade Católica de São Paulo. Programa de Estudos Pós-Graduados em Educação Matemática, 2014.

FIGUEROA, T. P. *et al*. Tecnologias Concretas e Digitais Aplicadas ao Processo de Ensino-Aprendizagem de Matemática Inclusiva. *Educação Matemática em Revista*, Brasília, n. 33, p. 52-60, mar. 2011.

FLEIRA, R. C. *Intervenções pedagógicas para a inclusão de um aluno autista nas aulas de matemática*: um olhar vygotskyano. 135 f. Dissertação (Mestrado em Educação Matemática) – Universidade Anhanguera de São Paulo, São Paulo, 2016.

FONSECA, M. C. F. R. *Educação Matemática de Jovens e Adultos*: especificidades, desafios e contribuições. Coleção Tendências em Educação Matemática. 2. ed. Belo Horizonte: Autêntica, 2007.

FRANÇOIS, K. Neuronal politics in mathematics education. In : INTERNATIONAL MATHEMATICS EDUCATION AND SOCIETY CONFERENCE, 9. *Proceedings...* MES9 : Mathematics education and life at times of crisis. Volos, University of Thessaly, April 7-12, 2017, p. 93-99.

FREIRE, P. *Pedagogia do oprimido*. Rio de Janeiro: Editora Paz e Terra, 1970.

FRIZZARINI, S. T. *Estudo dos registros de representação semiótica*: implicações no ensino e aprendizagem da álgebra para alunos surdos fluentes em língua de sinais. 288 f. Tese (Doutorado em Educação para a Ciência e a Matemática) – Universidade Estadual de Maringá, Programa de Pós-Graduação em Educação para a Ciência e a Matemática, 2014.

GAERTNER, R. Crianças superdotadas e a matemática. In: ENCONTRO NACIO-
NAL DE EDUCAÇÃO MATEMÁTICA, 4., 1992, Blumenau. *Anais...* Blumenau:
[s.n.], 1995. p. 132.

GALVÃO, D. L. *O ensino de geometria plana para uma aluna com surdocegueira
no contexto escolar inclusivo.* 113 f. Dissertação (Mestrado em Ensino de Ciência
e Tecnologia) – Universidade Tecnológica Federal do Paraná, Programa de Pós-
Graduação em Ensino de Ciência e Tecnologia, 2017.

GAVIOLLI, I. B. *Cenários para investigação e Educação Matemática em uma
perspectiva do deficiencialismo.* 93 f. Dissertação (Mestrado em Educação Matemática) – Universidade Estadual Paulista, Instituto de Geociências e Ciências
Exatas. Programa de Pós-Graduação em Educação Matemática, 2018.

GOBBO, K.; SHMULSKY, S.; BOWER, M. Strategies for teaching STEM subjects
to college students with autism spectrum disorder. *Journal of College Science
Teaching*, v. 47, n. 6, p. 12-17, 2018.

GOMES, C. G. S. Autismo e ensino de habilidades acadêmicas: adição e subtração. *Revista Brasileira de Educação Especial*, Marília, v. 13, n. 3, set./dez. 2007,
p. 345-364.

GUERRERO, M. J. L. Da integração escolar à escola inclusiva ou escola para
todos. In: ROYO, María Ángeles Lou; URQUÍZAR, Natividad López. (Org.).
Bases psicopedagógicas da educação especial. Petrópolis: Vozes, 2012.

GUIMARÃES, M. A. S. *A interação entre estudante cego e vidente em atividades
envolvendo conceitos básicos de probabilidade mediadas pela maquete tátil.* 84
f. Dissertação (Mestrado em Educação Matemática) – Universidade Estadual
de Santa Cruz, Programa de Pós-Graduação em Educação Matemática, 2014.

JAWORSKI, B. Special for all, special for one: developing an inquiry culture in
mathematics teaching and its development. In: NORDIC RESEARCH NET-
WORK ON SPECIAL NEEDS EDUCATION IN MATHEMATICS, 5. *Proceedings...* NORSMA5: Challenges in teaching mathematics – becoming special
for all. Reykjavík, University of Iceland, School of Education, Oct. 9-16, 2009,
2010, p. 4-18.

JELINEK, K. R. A prática discursiva das altas habilidades e o imperativo da
inclusão na educação neoliberal contemporânea. *Perspectivas da Educação Matemática*, v. 10, n. 22, Seção Temática, 2017. p. 264-283.

JESUS, J. B., RAHME, M. M. F., FERRARI, A. C. M. Educação intercultural
indígena e educação matemática: o percurso de um jovem surdo de etnia Pataxó.
Perspectivas da Educação Matemática, INMA/UFMS, v. 11, n. 27, p. 721-740,
2018.

JESUS, T. B., THIENGO, E. R. Os diferentes conceitos de divisão à luz da Teoria
da Formação das Ações mentais: a surdez em foco. *Revista Eletrônica Debates em
Educação Científica e Tecnológica*, v. 05, n. 02, p. 189-205, Out., 2015.

JESUS, T. B. *et al.* O uso da história da matemática na apropriação do conceito de número: um estudo com alunos surdos da EJA. *Revista Eletrônica Debates em Educação Científica e Tecnológica*, v. 6, n. 1, p. 157-168, mar, 2016.

JUNIOR, H. A.; GELLER, M.; FERNANDES, P. Proficiência em Matemática: proposições para o Ensino de Surdos. *Acta Scientiae*, Canoas, v. 15, n. 1, p. 113-132, jan./abr., 2013.

KALEFF, A. M. M. R. A Formação de Professores de Matemática frente à Aprendizagem Ativa Significativa e à Inclusão do Aluno com Deficiência Visual. *Perspectivas da Educação Matemática*, INMA/UFMS, v. 11, n. 27, p. 863-879, 2018.

KASSAR, M. C. M.; REBELO, A. S. O "especial" na educação, o atendimento especializado e a educação especial. In: JESUS, D. M.; BAPTISTA, C. R.; CAIADO, K. R. M. *Prática pedagógica na educação especial*: multiplicidade do atendimento educacional especializado. 2. ed. Araraquara, SP: Junqueira & Marin; Brasília, DF: CAPES; Vitória, ES: FCCA, 2013. p. 1-36.

KOEPSEL, A. P. P.; SILVA, V. C. S. Uso de materiais didáticos instrucionais para inclusão e aprendizagem matemática de alunos cegos. *BoEM*, Joinville, v. 6, n. 11, p. 413-431, out, 2018.

LACERDA, C. B. F. de. *Intérprete de Libras*: em atuação na educação infantil e no ensino fundamental. Porto Alegre: Mediação/FAPESP, 2009.

LANDIM, E.; MAIA, L. S. L.; SOUSA, W. P. A. Representações Sociais de estudante cego aprender matemática por professores de matemática. *Educação Matemática em Revista*, Brasília, v. 22, n. 54, p. 67-80, abr./jun. 2017.

LEME, R.; FRANCISCO, R.; MANZINI, V. L. A. Trabalho interdisciplinar no ensino da matemática pré-escolar para crianças deficientes auditivas. In: ENCONTRO NACIONAL DE EDUCAÇÃO MATEMÁTICA, 2., 1991, São Paulo. *Anais...* Campinas: FEUSP, 1991. p. 181-182.

LIMA, C. A. R.; MANRIQUE, A. L. Processo de formação de professores que ensinam matemática: práticas inclusivas. *Nuances: estudos sobre Educação*, Presidente Prudente, v. 28, n. 3, set./dez., 2017, p. 262-286.

LIRIO, S. B. *A tecnologia informática como auxílio no ensino de geometria para deficientes visuais*. 115 f. Dissertação (Mestrado em Educação Matemática) - Instituto de Geociências e Ciências Exatas, Universidade Estadual Paulista, Rio Claro, 2006.

LORENCINI, P. B. M.; NOGUEIRA, C. M. I.; REZENDE, V. Registros de Representação Semiótica, Braile e Educação Matemática Inclusiva: identificando possibilidades. *Perspectivas da Educação Matemática*, INMA/UFMS, v. 11, n. 27, p. 842-862, 2018.

LUIZ, E. A. J. *Conceitos lógicos matemáticos e sistema tutorial inteligente: uma experiência com pessoas com síndrome de Down*. 153 f. Dissertação (Mestrado em Ensino de Ciências e Matemática) – Universidade Luterana do Brasil, Canoas, 2008.

MACÊDO, L. M. S. *Professores de matemática nas trilhas do processo de ensino e aprendizagem de crianças com TDAH*. 143 f. Dissertação (Mestrado em Ensino de Ciências e Educação Matemática) – Universidade Estadual da Paraíba, 2016.

MACHADO, N. J. *Ética e educação*: pessoalidade, cidadania, didática, epistemologia. São Paulo: Ateliê Editorial, 2012.

MACHADO, M. S. *Representações sociais dos professores de ciências*: repercussões da prática pedagógica numa perspectiva inclusiva. 114 f. (Mestrado em Educação em Ciências) – Universidade Estadual de Santa Cruz, Programa de Pós-Graduação em Educação em Ciências, 2017.

MAILIZAR, A.; MAULINA, S.; BRUCE, S. Secondary School Mathematics Teachers' Views on E-learning Implementation Barriers during the covid-19 Pandemic: The Case of Indonesia. *Journal of Mathematics, Science and Technology Education*, 16(7), 1-9, 2020.

MAMCASZ-VIGINHESKI, L. V. *et al*. Formação de conceitos em Geometria e Álgebra por estudante com deficiência visual. *Ciênc. Educ.*, Bauru, v. 23, n. 4, p. 867-879, 2017.

MANRIQUE, A. L.; MOREIRA, G. E. Access and permanence conditions for students with special education needs in Brazilian Higher Education. In: HOFFMAN, J.; BLESSINGER, P.; MAKHANYA, M. (Org.). *Contexts for diversity and gender identities in Higher Education: international perspectives on equity and inclusion*. Emerald Publishing Limited: UK. P. 13-27, 2018.

MARCELLY, L. *As histórias em quadrinhos adaptadas como recurso para ensinar matemática para alunos cegos e videntes*. 141 f. Dissertação (Mestrado em Educação Matemática) – Instituto de Geociências e Ciências Exatas, Universidade Estadual Paulista, Rio Claro, 2010.

MARINHO, K. K. O. *Educação matemática e educação especial*: reflexões sobre os relatos de experiências docentes de professores de matemática. 104 f. Dissertação (Mestrado em Educação em Ciências e Matemáticas) – Universidade Federal do Pará, Programa de Pós-Graduação em Educação em Ciências e Matemáticas, 2016.

MARTINS, M. A.; FERREIRA, A. C.; NUNES, C. M. F. Saberes Docentes para a Inclusão de Alunos com Deficiência Visual nas Aulas de Matemática: análise do potencial de um curso de extensão. *Perspectivas da Educação Matemática*, INMA/UFMS, v. 11, n. 27, p. 880-899, 2018.

MASSA, M. C. *Educação matemática e invenção de identidades*: a loucura de ser um sujeito normal. 56 f. Dissertação (Mestrado em Educação em Ciências e em Matemática) – Universidade Federal do Paraná, Programa de Pós-Graduação em Ensino de Ciências e em Matemática, 2011.

MAZZOTTA, M. J. S. *Educação especial no Brasil*: história e políticas públicas. 6. ed. São Paulo: Cortez, 2011.

MELLO, E. M. *A visualização de objetos geométricos por alunos cegos*: um estudo sob a ótica de Duval. Tese (Doutorado em Educação Matemática) – Pontifícia Universidade

Católica de São Paulo. Programa de Estudos Pós-Graduados em Educação Matemática, 2015.

MENDES, E. G. A radicalização do debate sobre inclusão escolar no Brasil. *Revista Brasileira de Educação*. v. 11, n. 33, p. 387-405, set/dez. 2006.

MENDES, R. G. *Surdos bem-sucedidos em matemática*: relações entre seus valores culturais e suas identidades matemáticas. 123 f. Dissertação (Mestrado em Educação Matemática) – Universidade Anhanguera de São Paulo, 2016.

MENEZES, M. B.; SANTOS, W. F. As Modificações do Saber Efetivamente Ensinado em uma Sala de Aula Inclusiva para Alunos Surdos: o caso do conjunto dos números naturais. *Perspectivas da Educação Matemática*, INMA/UFMS, v. 11, n. 27, p. 776-799, 2018.

MIRANDA, A. D. *Contextualizando a matemática por meio de projetos de trabalho em uma perspectiva interdisciplinar*: foco na deficiência intelectual. 162 f. (Mestrado em Ensino de Ciência e Tecnologia). Universidade Tecnológica Federal do Paraná, Programa de Pós-Graduação em Ensino de Ciência e Tecnologia, 2014.

MORAES, M. C. V. *Educação matemática e deficiência intelectual, para inclusão escolar além da deficiência*: uma metanálise das dissertações e teses de 1995 a 2015. (Mestrado em Educação em Ciências e Matemática). 240 f. Universidade Federal de Goiás, Programa de Pós-Graduação em Educação em Ciências e Matemática, 2017.

MOREIRA, I. M. B. *Os jogos de linguagem entre surdos e ouvintes na produção de significados de conceito matemáticos*. (Doutorado em Educação em Matemática e Ciências). 142 f. Universidade Federal de Mato Grosso, Universidade Federal do Pará, Universidade Estadual do Amazonas, Programa de Pós-Graduação em Educação em Ciências e Matemática, Rede Amazônica de Educação em Ciências e Matemática, 2015.

MOREIRA, G. E. *Representações sociais de professoras e professores que ensinam matemática sobre o fenômeno da deficiência*. 202 f. Tese (Doutorado em Educação Matemática) – Pontifícia Universidade Católica de São Paulo, Programa de Estudos Pós-Graduados em Educação Matemática, 2012.

MOREIRA, G. E. Perfeccionismo em adolescentes superdotados em Matemática: Uma característica socioemocional a ser compreendida. In MANRIQUE, A. L.; MOREIRA, G. E.; MARANHÃO, M. C. S. A. *Desafios da Educação Matemática Inclusiva*: práticas. Volume II. São Paulo: Editora Livraria da Física, 2016.

MORGADO, A. S. *Ensino de matemática: práticas pedagógicas para a educação inclusiva*. (Mestrado Profissional em Ensino de Matemática). 123 f. Pontifícia Universidade Católica de São Paulo, 2013.

MORIN, E. O Método 3. *O conhecimento do conhecimento*. Porto Alegre: Sulina. 1999.

MULENGA, E. M.; MARBÁN, J. M. Is covid-19 the Gateway for Digital Learning in Mathematics Education? *Contemporary Educational Technology*, 12(2), 1-11, 2020.

Referências

MUNIZ, S. C. S. *A inclusão de surdos nas aulas de matemática*: uma análise das relações pedagógicas envolvidas na tríade professora-intérprete-surdo. 118 f. Dissertação (Mestrado em Educação Matemática) – Universidade Estadual de Santa Cruz, Programa de Pós-Graduação em Educação Matemática, 2018.

NASCIMENTO, I. C. Q. S. *Introduções ao sistema de numeração decimal a partir de um software livre*: um olhar sócio-histórico sobre os fatores que permeiam o envolvimento e a aprendizagem da criança com TEA. 157 f. Dissertação (Mestrado Profissional em Educação Matemática) – Universidade Federal do Pará, Programa de Mestrado Profissional em Docência em Educação em Ciências e Matemáticas, 2017.

NEVES, M. J. B. *A comunicação em matemática na sala de aula*: obstáculos de natureza metodológica na educação de alunos surdos. 131 f. Dissertação (Mestrado em Educação em Ciências e Matemáticas) – Universidade Federal do Pará, Programa de Pós-Graduação em Educação em Ciências e Matemáticas, 2011.

NEVES, C. N.; MAIA, R. M. C. S. O uso de materiais adaptados para o ensino da matemática para estudantes com deficiência visual. *BoEM*, Joinville, v. 6, n. 11, p. 119-137, out 2018.

NOGUEIRA, C. M. I., ZANQUETTA, M. E. M. T. Surdez, bilingüismo e o ensino tradicional de Matemática: uma avaliação piagetiana. *ZETETIKÉ*, Campinas, v. 16, n. 30, jul./dez., p. 219-237, jul./dez. 2008.

NOGUEIRA, C. M. I. *et al.* Um panorama das pesquisas brasileiras em educação matemática inclusiva: a constituição e atuação do GT13 da SBEM. *Educação Matemática em Revista*, Brasília, v. 24, n. 64, p. 4-15, set./dez. 2019a.

NOGUEIRA, C. M. I. *et al.* Um evento histórico: o que foi e como aconteceu o I Encontro Nacional de Educação Matemática Inclusiva – ENEMI. In: ENCONTRO NACIONAL DE EDUCAÇÃO MATEMÁTICA INCLUSIVA, 1., *Anais...* Rio de Janeiro: Estácio, 2019b.

OLIVEIRA, A. A. S.; OMOTE, S.; GIROTO, R. M. (Org.). *Inclusão escolar*: as contribuições da educação especial. São Paulo: Cultura Acadêmica Editora, Marília: Fundepe Editora, 2008.

OLIVEIRA, J. C. G. *Uma proposta alternativa para a pré-alfabetização matemática de crianças portadoras de deficiência auditiva*. 1993. 84 f. Dissertação (Mestrado em Educação Matemática) – Instituto de Geociências e Ciências Exatas, Universidade Estadual Paulista. Rio Claro, 1993.

OLIVEIRA, V. M. A produção da notação numérica na pessoa com deficiência mental. 1996. Dissertação (Mestrado em Educação) – Universidade Estadual do Rio de Janeiro, Rio de Janeiro, 1996.

OMOTE, S. Normalização, integração, inclusão... *Ponto de Vista*, v. 1, n. 1, jul./dez., 1999. p. 4-13.

OMS – ORGANIZAÇÃO MUNDIAL DE SAÚDE. *CID-10*. Tradução: Centro Colaborador da OMS para a Classificação de Doenças em Português. 10. ed. rev. São Paulo: Editora da Universidade de São Paulo, 2007.

OTONI, C. D. F. *Uso de tecnologias assistivas no ensino de geometria*: uma experiência em aluno com múltiplas deficiências. 98 f. Dissertação (Mestrado em Ensino de Ciência e Tecnologia) – Universidade Tecnológica Federal do Paraná, Programa de Pós-Graduação em Ensino de Ciência e Tecnologia, 2016.

PAGANOTTI, E. G. *Representações sociais de professores do ensino fundamental I em exercício*: os sentidos no contexto da(s) diferença(s). 101 f. Dissertação (Mestrado em Educação Matemática) – Universidade Estadual Paulista, Instituto de Geociências e Ciências Exatas. Programa de Pós-Graduação em Educação Matemática, 2017.

PAIS, L. C. *Didática da matemática*: uma análise da influência francesa. Coleção Tendências em Educação Matemática. Belo Horizonte: Autêntica Editora, 2011.

PASQUARELLI, R. C. C., MANRIQUE, A. L. *A inclusão de estudantes com deficiência visual no ensino e aprendizagem de estatística*: medidas de tendência central. Educ. Matem. Pesq., São Paulo, v.18, n.1, p. 309-329, 2016.

PAULA, E. O uso do soroban na escola. In: ENCONTRO PAULISTA DE EDUCAÇÃO MATEMÁTICA, 1., 1989, São Paulo. *Anais...* Campinas: PUCCAMP, 1989. p. 311.

PENTEADO, M. G.; MARCONDES, F. G. V.; NOGUEIRA, C. M. I.; YOKOYAMA, L. A. Difference, inclusion and mathematics education in Brazil. In: RIBEIRO, A. J.; HEALY, L.; BORBA, R. E. S. R.; FERNANDES, S. H. A. A. (Ed.). *Mathematics education in Brazil*: panorama of current research. Switzerland: Springer, 2018. p. 265-278.

PENTEADO, M. G.; MARCONE, R. Inclusive mathematics education in Brazil. In: KOLLOSCHE, D.; MARCONE, R.; KNIGGE, M.; PENTEADO, M. G.; SKOVSMOSE, O. (Ed.). *Inclusive mathematics education: state-of-the-Art research from Brazil and Germany*. Switzerland: Springer, 2019. p. 7-12.

PEREIRA, P. S., LINS, A. F. Educação Matemática e deficiência visual: alguns resultados de pesquisa no projeto obeduc em rede UFMS/UEPB/UFAL. *EMR-RS*, n. 18, v.3, Especial, p. 83-89. 2017.

PEREIRA, R. A.; REZENDE, J. F.; BARBOSA, P. M. Metodologias de ensino de geometria e aritmética para deficientes visuais. In: ENCONTRO NACIONAL DE EDUCAÇÃO MATEMÁTICA, V., 1995, Aracaju. *Anais...* Aracaju: SBEM/SE, UFS, 1998. p. 223-224.

PETRO, C. S. *A inclusão escolar de alunos com deficiência visual a partir da percepção de professores de matemática, professores do atendimento educacional especializado e gestores educacionais*. 92 f. Dissertação (Mestrado em Educação em Ciências e Matemática) – Pontifícia Universidade Católica do Rio Grande do Sul, Programa de Pós-Graduação em Educação em Ciências e Matemática, 2014.

Referências

PICOLI, F. D. C. *Alunos/as surdos/as e processos educativos no âmbito da educação matemática: problematizando relações de exclusão/inclusão*. 80 f. Dissertação (Mestrado em Ensino de Ciências Exatas) – Centro Universitário Univates, Lajeado, 2010.

PICOLI, F. D. C., GIONGO, I. M., LOPES, M. I. Alunos surdos e processos educativos no ensino de matemática: problematizando exclusão/ inclusão. *Nuances: estudos sobre Educação*, Presidente Prudente-SP, v. 29, n. 2, p.173-191, Mai./Ago., 2018.

PINA, O. C. *Contribuições dos espaços não formais para o ensino e aprendizagem de ciências de crianças com síndrome de down*. 92 f. Dissertação (Mestre em Educação em Ciências e Matemática) – Universidade Federal de Goiás, Programa de Pós-Graduação em Educação em Ciências e Matemática, 2014.

PINHEIRO, R. C., ROSA, M. Uma perspectiva Etnomatemática para o processo de ensino e aprendizagem de alunos surdos. *RPEM*, Campo Mourão, Pr, v.5, n.9, p.56-83, jul.-dez. 2016.

PINHEIRO, R. C.; ROSA, M. Educação Financeira para alunos surdos utilizando uma perspectiva Etnomatemática. *Educação Matemática em Revista*, Brasília, v. 23, n. 60, p. 229-245, out./dez. 2018a.

PINHEIRO, R. C.; ROSA, M. Promovendo a Educação Financeira para Estudantes Surdos: Utilizando a Perspectiva Etnomatemática em um Produto Educacional. *BoEM*, Joinville, v. 6, n. 11, p. 294-314, out 2018b.

PONTE, J. P.; BROCARDO, J.; OLIVEIRA, H. *Investigações matemáticas na sala de aula*. Coleção Tendências em Educação Matemática. Belo Horizonte: Autêntica Editora, 2016.

PRAÇA, E. T. P. O. *Uma reflexão acerca da inclusão de aluno autista no ensino regular*. 140 f. Dissertação (Mestrado Profissional em Educação Matemática) – Universidade Federal de Juiz de Fora, Instituto de Ciências Exatas, Pós-Graduação em Educação Matemática, 2011.

PRADO, R. B. S. *Tecnologia assistiva para o ensino da matemática aos alunos cegos*: o caso do centro de apoio pedagógico para atendimento às pessoas com deficiência visual. 141 f. Dissertação (Mestrado em Ensino de Ciências e Matemática) – Universidade Federal de Sergipe, Programa de Pós-Graduação em Ensino de Ciências e Matemática, 2013.

PSICOLOGIA: Teoria e Pesquisa. Professora emérita Eunice Maria Lima Soriano de Alencar. *Psicologia: Teoria e Pesquisa*, v. 23, n. especial, 2007, p. 41-43.

RENZULLI, J. S. A concepção de superdotação no modelo dos três anéis: um modelo de desenvolvimento para a promoção da produtividade criativa. In: VIRGOLIM, A. M. R.; KONKIEWITZ, Elisabete Castelon. (Org.). *Altas habilidades/superdotação, inteligência e criatividade*. Campinas: Editora Papirus, 2014.

ROCHA, L. R. M., SANTOS, L. F. O que dizem os estudantes surdos da Universidade Federal de Santa Maria sobre a sua permanência no ensino superior. *Práxis Educativa*, Ponta Grossa, v. 12, n. 3, p. 826-847, set/dez, 2017.

RODRIGUES, R. S., GELLER, M. Refexões sobre o Ensino de Conceitos Numéricos para Alunos Surdos dos Anos Iniciais do Ensino Fundamental. *Acta Scientiae*, Canoas, v.16, n. 3, p. 472-488, set/dez, 2014.

RODRIGUES, J. M., SALES, E. R. Educação Matemática em uma perspectiva inclusiva: percepções de professores e alunos deficientes visuais. *Educação Matemática em Revista*, Brasília, v. 23, n. 58, p. 23-33, abr./jun. 2018.

ROSA, E. A. C. *Professores que ensinam matemática e a inclusão escolar*: algumas apreensões. 160 f. Dissertação (Mestrado em Educação Matemática) – Universidade Estadual Paulista, Instituto de Geociências e Ciências Exatas. Programa de Pós-Graduação em Educação Matemática, 2014.

ROSA, E. A. C.; ROSA, F. M. C.; BARALDI, I. M. As pesquisas em educação matemática em face das políticas públicas de inclusão escolar. In: ENCONTRO NACIONAL DE EDUCAÇÃO MATEMÁTICA, XII, Educação Matemática na Contemporaneidade: desafios e possibilidades. *Anais…* São Paulo-SP, 13 a 16 de julho de 2016.

ROSA, F. M. C. *Histórias de vida de alunos com deficiência visual e de suas mães*: um estudo em educação matemática inclusiva. (Doutorado em Educação Matemática). 259 f. Universidade Estadual Paulista, Instituto de Geociências e Ciências Exatas. Programa de Pós-Graduação em Educação Matemática, 2017.

ROSA, F. M. C., BARALDI, I. M. O uso de narrativas (auto)biográficas como uma possibilidade de pesquisa da prática de professores acerca da Educação (Matemática) Inclusiva. *Bolema*, Rio Claro (SP), v. 29, n. 53, p. 936-954, dez. 2015.

ROSA, F. M. C.; BARALDI, I. M. Narrativas de si: o que professores (de matemática) e alunos com deficiência visual contam sobre suas formações? *Revista Paranaense de Educação Matémátia*, Campo Mourão, v. 6, n. 10, p.118-134, jan./jun. 2017.

ROSSO, T. R. F.; DORNELES, B. V. Contagem numérica em estudantes com síndromes de x-frágil e prader-willi. *Revista Brasileira de Educação Especial*, Marília, v. 18, n. 2, abr./jun., 2012. p. 231-244.

SÁ, E. D.; CAMPOS, I. M.; SILVA, M. B. C. *Atendimento educacional especializado*: deficiência visual. Brasília, DF: SEESP/SEED/MEC, 2007.

SALES, E. R. *Refletir no silêncio: um estudo das aprendizagens na resolução de problemas aditivos com alunos surdos e pesquisadores ouvintes*. 162 f. Dissertação (Mestrado em Educação em Ciências e Matemáticas) – Universidade Federal do Pará, Belém, 2008.

SALVINO, L. G. M. *Tecnologia assistiva no ensino de matemática para aluno cego do ensino fundamental*: desafios e possibilidades. 157 f. Dissertação (Mestrado em Ensino de Ciências e Educação Matemática) – Universidade Estadual da Paraíba, Campina Grande, 2017.

SANTOS, C. A. *Aprendizagem em geometria na educação básica*: a fotografia e a escrita na sala de aula. Coleção Tenências em Educação Matemática. Belo Horizonte: Autêntica Editora, 2014.

Referências

SANTOS, E. P. *Ensino de números inteiros associado à literatura infantil para alunos com síndrome de down*. 73 f. Dissertação (Mestrado Profissional em Ensino de Ciências) – Universidade Estadual de Goiás, 2016.

SANTOS, R. S. *Levantamento de subsídios para os professores do ciclo I desenvolverem práticas pedagógicas no ensino da matemática com alunos com deficiência nas escolas públicas*. 101 f. Dissertação (Mestrado Profissional em Ensino da Matemática) – Pontifícia Universidade Católica de São Paulo, 2013.

SANTOS, F. L.; THIENGO, E. R. Aprendizagem matemática de um estudante com baixa visão: uma experiência inclusiva fundamentada em Vigotski, Leontiev e Galperin. *RPEM*, Campo Mourão, Pr, v. 5, n. 9, p. 104-120, jul.-dez. 2016.

SÃO PAULO. *Portaria n. 8.764, de 23 de dezembro de 2016*. Regulamenta o Decreto n. 57.379, de 13 de outubro de 2016, que "Institui no sistema municipal de ensino a Política Paulistana de Educação Especial, na Perspectiva da Educação Inclusiva". Diário Oficial da Cidade de São Paulo, SP, 24 dez. 2016, p. 9-14.

SCHEINER, T. If we want to get ahead, we should transcend dualisms and foster paradigm pluralism. In: KAISER, G.; PRESMEG, N. (Ed.). *Compendium for early carrer researchers in mathematics education*. Switzerland: Springer, 2019. p. 511-531.

SEIBERT, T. E.; GROENWALD, C. L. O. Inclusão cognitiva em matemática na ULBRA. *Educação Matemática em Revista*, n. 33, ago., 2011, p. 36-44.

SGANZERLA, M. A. R., GELLER, M. Tecnologias Assistivas e Educação Matemática: um estudo envolvendo alunos com deficiência visual no AEE. *Acta Scientiae*, Canaos, v. 20, n. 1, p. 36-55. 2018.

SILVA, G. H. G. Equidade e educação matemática. *Educação Matemática Pesquisa*, São Paulo, v. 18, n. 1, 2016, p. 397-420.

SILVA, J. C. G. *Representações sociais do ensino de matemática por professores de salas regulares e professores que atuam na sala de atendimento educacional especializado (SAEE) no estado de Pernambuco*. Dissertação (Mestrado em Educação Matemática e Tecnológica) – Universidade Federal de Pernambuco, Programa de Pós-Graduação em Educação Matemática e Tecnológica, 2016.

SILVA, V. F. S. *A presença de alunos autistas em salas regulares, a aprendizagem de ciências e a alfabetização científica*: percepções de professores a partir de uma pesquisa fenomenológica. 187 f. Universidade Estadual Paulista, Faculdade de Ciências, Programa de Pós-Graduação em Educação para a Ciência, 2016.

SILVA, D. F. *A constituição do sujeito deficiente visual a partir do movimento de inclusão escolar*: uma análise na perspectiva foucaultiana. 180 f. Tese (Doutorado em Ensino de Ciências e Educação Matemática) – Universidade Estadual de Londrina, Programa de Pós-Graduação em Ensino de Ciências e Educação Matemática, 2017.

SILVA, D. C.; LEIVAS, J. C. S. Inclusão no Ensino Médio: Geometria para Deficiente Visual. *Educação Matemática em Revista*, Brasília, n. 40, p. 13-20, nov. 2013.

SILVA, A. M. C.; CABRAL, C. A. F.; SALES, E. R. Percepções de Alunos Cegos sobre sua Formação: contribuições no ensino e aprendizagem de matemática em classes inclusivas. *Perspectivas da Educação Matemática*, INMA/UFMS, v. 11, n. 27, p. 900-915, 2018.

SINTEMA, E. J. Effect of covid-19 on the Performance of Grade 12 Students: Implications for STEM Education. *Journal of Mathematics, Science and Technology Education*, 16(7), 1-6, 2020.

SOARES, M. E.; SALES, E. R. Uma reflexão sobre pesquisas em educação matemática e educação de surdos. *Educação Matemática Debate*, Montes Claros, v. 2, n. 4, p. 31-56, jan./abr. 2018.

SOUZA, R. M. J. *Deficiencialismo: a invenção da deficiência pela normalidade.* 170 f. Dissertação (Mestrado em Educação Matemática) – Universidade Estadual Paulista, Instituto de Geociências e Ciências Exatas. Programa de Pós-Graduação em Educação Matemática, 2015.

SPLETT, E. S. *Inclusão de alunos cegos em classes regulares e o processo ensino e aprendizagem da matemática.* Dissertação (Mestrado em Educação Matemática) – Universidade Federal de Santa Maria, Programa de Pós-Graduação em Educação Matemática e Ensino de Física, 2015.

TAKINAGA, S. S. *Transtorno do espectro autista*: contribuições para a educação matemática na perspectiva da teoria da atividade. 127 f. Dissertação (Mestrado em Educação Matemática) – Pontifícia Universidade Católica de São Paulo, Programa de Estudos Pós-Graduados em Educação Matemática, 2015.

TOSTES, T. A.; REIS, H. M. M. S.; VICTER, E. F. Tabuleiro das expressões: um auxiliador no ensino da matemática para alunos com deficiência visual. Revista de Educação, Ciências e Matemática v.6 n.1 jan./abr. 2016.

TROTT, C. The neurodiverse mathematics student. In : GROVE, M.; CROFT, T.; KYLE, J.; LAWSON, D. (Ed.). *Transitions in undergraduate mathematics education.* Birmingham: University of Birmingham, 2015. p. 209-226.

TRUMAN, J. Mathematical reasoning among adults on the autism spectrum: case studies with mathematically experienced participants. In: ANNUAL MEETING OF THE CANADIAN MATHEMATICS EDUCATION STUDY GROUP, 2018. *Proceedings…* Quest University, Squamish, British Columbia, June 1-5, 2018. 2019. p. 195-203.

UNESCO. *World declaration on education for all*: meeting basic learning needs. 9 mar. 1990, Jomtien, Tailândia, 1990.

VARGAS, R. C. *Oficinas pedagógicas em matemática*: da reflexão à mudança da prática pedagógica de professores que atuam com crianças surdas. 1996. Dissertação (Mestrado em Educação) – Pontifícia Universidade Católica do Rio Grande do Sul, Porto Alegre, 1996.

VASCONCELOS, S. C. R. *Percepções de professores de matemática a respeito da inclusão*. 90 f. Dissertação (Mestrado Profissional em Ensino de Matemática) – Pontifícia

Universidade Católica de São Paulo, Programa de Estudos Pós-Graduados em Educação Matemática, 2013.

VIANA, E. A. *Situações didáticas de ensino da matemática*: um estudo de caso de uma aluna com transtorno do espectro autista. 94 f. Dissertação (Mestrado em Educação Matemática) – Universidade Estadual Paulista, Instituto de Geociências e Ciências Exatas. Programa de Pós-Graduação em Educação Matemática, 2017.

VIANA, E. A.; FERREIRA, M. A. H.; MANRIQUE, A. L. A epistemologia do professor de matemática na educação inclusiva: processos axiológicos na formação de professores. In: ZIESMANN, C. I.; BATISTA, J. F.; DANTAS, N. M. R. (Orgs.). *Educação inclusiva e formação docente: olhares e perspectivas que se entrelaçam*. Campinas: Pontes Editores, 2020. p. 75-92.

VIANA, E. A.; MANRIQUE, A. L. A educação matemática na perspectiva inclusiva: investigando as concepções constituídas no Brasil desde a década de 1990. *Perspectivas da Educação Matemática*, v. 11, n. 27, 2018.

VIANA, E. A.; MANRIQUE, A. L. Cenário das pesquisas sobre o autismo na educação matemática. *Educação Matemática em Revista*, Brasília, v. 24, n. 64, p. 252-268, set./dez. 2019.

VIANA, E. A.; MANRIQUE, A. L. A influência do conhecimento matemático do professor na seleção de recursos para estudantes autistas. *Revista de Produção Discente em Educação Matemática*, São Paulo, v. 9, n. 2, 2020.

VIGINHESKI, L. V. M. *et al.* O sistema Braille e o ensino da Matemática para pessoas cegas. *Ciênc. Educ.*, Bauru, v. 20, n. 4, p. 903-916, 2014.

VIGINHESKI, L. V. M. *et al.* Análise de produtos desenvolvidos no mestrado profissional na área de matemática: possibilidades de adaptações para o uso com estudantes cegos. Rev. Diálogo Educ., Curitiba, v. 17, n. 51, p. 223-250, jan./mar. 2017.

VIRGOLIM, A. M. R. *Altas habilidades/superdotação*: encorajando potenciais. Brasília: Ministério da Educação, Secretaria de Educação Especial, 2007.

WANZELER, E. P. *Surdez, bilinguismo e educação matemática*: um (novo?) objeto de pesquisa na educação de surdos. 104 f. Dissertação (Mestrado em Educação em Ciências e Matemáticas) – Universidade Federal do Pará, Programa de Pós-Graduação em Educação em Ciências e Matemáticas, 2015.

WEDELL, K. Conferência novas tendências da educação especial. In: ENCONTRO DE EDUCAÇÃO ESPECIAL, 1., 1982, São Paulo. *Anais...* São Paulo: Faculdade de Educação, Universidade de São Paulo, 1983. p. 27-42.

WITTMANN, E. C. Mathematics education as a 'design science'. In: SIERPINSKA, A.; KILPATRICK, J. (Ed.). *Mathematics education as a research domain*: a search for identity: an ICMI study. Londres: Kluwer Academic Publishers, 1998. p. 87-103.

ZANQUETTA, M. E. M. T. *A abordagem biíngue e o desenvolvimento cognitivo dos surdos: uma análise psicogenética*. 151 f. Dissertação (Mestrado em Educação para a Ciência e o Ensino de Matemática) - Universidade Estadual de Maringá, Maringá, 2006.

Outros títulos da coleção
Tendências em Educação Matemática

Afeto em competições matemáticas inclusivas – A relação dos jovens e suas famílias com a resolução de problemas
Autoras: *Nélia Amado, Susana Carreira, Rosa Tomás Ferreira*

As dimensões afetivas constituem variáveis cada vez mais decisivas para alterar e tentar abolir a imagem fria, pouco entusiasmante e mesmo intimidante da Matemática aos olhos de muitos jovens e adultos. Sabe-se atualmente, de forma cabal, que os afetos (emoções, sentimentos, atitudes, percepções...) desempenham um papel central na aprendizagem da Matemática, designadamente na atividade de resolução de problemas. Na sequência do seu envolvimento em competições matemáticas inclusivas baseadas na internet, Nélia Amado, Susana Carreira e Rosa Tomás Ferreira debruçam-se sobre inúmeros dados e testemunhos que foram reunindo, através de questionários, entrevistas e conversas informais com alunos e pais, para caracterizar as dimensões afetivas presentes na participação de jovens alunos (dos 10 aos 14 anos) nos campeonatos de resolução de problemas SUB12 e SUB14. Neste livro, o leitor é convidado a percorrer várias das dimensões afetivas envolvidas na resolução de problemas desafiantes. A compreensão dessas dimensões ajudará a melhorar a relação das crianças e dos adultos com a Matemática e a formular uma imagem da Matemática mais humanizada, desafiante e emotiva.

Brincar e jogar – enlaces teóricos e metodológicos no campo da Educação Matemática
Autor: *Cristiano Alberto Muniz*

Neste livro, o autor apresenta a complexa relação jogo/ brincadeira e a aprendizagem matemática. Além de discutir as diferentes perspectivas da relação jogo e Educação Matemática, ele favorece uma reflexão do quanto o conceito de Matemática implica a produção da concepção de jogos para a aprendizagem, assim como o delineamento conceitual do jogo nos propicia visualizar novas possibilidades de utilização dos jogos na Educação Matemática. Entrelaçando diferentes perspectivas teóricas e metodológicas sobre o jogo, ele apresenta análises sobre produções matemáticas realizadas por crianças em processo de escolarização em jogos ditos espontâneos, fazendo um contraponto às expectativas do educador em relação às suas potencialidades para a aprendizagem matemática. Ao trazer reflexões teóricas sobre o jogo na Educação Matemática e revelar o jogo efetivo das crianças em processo de produção matemática, a obra tanto apresenta subsídios para o desenvolvimento da investigação científica quanto para a práxis pedagógica por meio do jogo na sala de aula de Matemática.

Descobrindo a Geometria Fractal – Para a sala de aula
Autor: *Ruy Madsen Barbosa*

Neste livro, Ruy Madsen Barbosa apresenta um estudo dos belos fractais voltado para seu uso em sala de aula, buscando a sua introdução na Educação Matemática brasileira, fazendo bastante apelo ao visual artístico, sem prejuízo da precisão e rigor matemático. Para alcançar esse objetivo, o autor incluiu capítulos específicos, como os de criação e de exploração de fractais, de manipulação de material concreto, de relacionamento com o triângulo de Pascal, e particularmente um com recursos computacionais com *softwares* educacionais em uso no Brasil. A inserção de dados e comentários históricos tornam o texto de interessante leitura. Anexo ao livro é fornecido o CD-Nfract, de Francesco Artur Perrotti, para construção dos lindos fractais de Mandelbrot e Julia.

Fases das tecnologias digitais em Educação Matemática – Sala de aula e internet em movimento
Autores: *Marcelo de Carvalho Borba, Ricardo Scucuglia Rodrigues da Silva e George Gadanidis*

Com base em suas experiências enquanto docentes e pesquisadores, associadas a uma análise acerca das principais pesquisas desenvolvidas no Brasil sobre o uso de tecnologias digitais no ensino e aprendizagem de Matemática, os autores apresentam uma perspectiva fundamentada em quatro fases. Inicialmente, os leitores encontram uma descrição sobre cada uma dessas fases, o que inclui a apresentação de visões teóricas e exemplos de atividades matemáticas características em cada momento. Baseados na "perspectiva das quatro fases", os autores discutem questões sobre o atual momento (quarta fase). Especificamente, eles exploram o uso do *software* GeoGebra no estudo do conceito de derivada, a utilização da internet em sala de aula e a noção denominada performance matemática digital, que envolve as artes.

Outros títulos da coleção

Este livro, além de sintetizar de forma retrospectiva e original uma visão sobre o uso de tecnologias em Educação Matemática, resgata e compila de maneira exemplificada questões teóricas e propostas de atividades, apontando assim inquietações importantes sobre o presente e o futuro da sala de aula de Matemática. Portanto, esta obra traz assuntos potencialmente interessantes para professores e pesquisadores que atuam na Educação Matemática.

Lógica e linguagem cotidiana – Verdade, coerência, comunicação, argumentação
Autores: *Nílson José Machado e Marisa Ortegoza da Cunha*
Neste livro, os autores buscam ligar as experiências vividas em nosso cotidiano a noções fundamentais tanto para a Lógica como para a Matemática. Através de uma linguagem acessível, o livro possui uma forte base filosófica que sustenta a apresentação sobre Lógica e certamente ajudará a coleção a ir além dos muros do que hoje é denominado Educação Matemática. A bibliografia comentada permitirá que o leitor procure outras obras para aprofundar os temas de seu interesse, e um índice remissivo, no final do livro, permitirá que o leitor ache facilmente explicações sobre vocábulos como contradição, dilema, falácia, proposição e sofisma. Embora este livro seja recomendado a estudantes de cursos de graduação e de especialização, em todas as áreas, ele também se destina a um público mais amplo. Visite também o site *www.rc.unesp.br/igce/pgem/gpimem.html*.

A matemática nos anos iniciais do ensino fundamental – Tecendo fios do ensinar e do aprender
Autoras: *Adair Mendes Nacarato, Brenda Leme da Silva Mengali, Cármen Lúcia Brancaglion Passos*
Neste livro, as autoras discutem o ensino de Matemática nas séries iniciais do ensino fundamental num movimento entre o aprender e o ensinar. Consideram que essa discussão não pode ser dissociada de uma mais ampla, que diz respeito à formação das professoras polivalentes – aquelas que têm uma formação mais generalista em cursos de nível médio (Habilitação ao Magistério) ou em cursos superiores (Normal Superior e Pedagogia). Nesse sentido, elas analisam como têm sido as reformas curriculares desses cursos e apresentam perspectivas para formadores e pesquisadores no campo da formação docente. O foco central da obra está nas situações matemáticas desenvolvidas em salas de aula dos anos iniciais. A partir dessas situações, as autoras discutem suas concepções sobre o ensino de Matemática a alunos dessa escolaridade, o ambiente de aprendizagem a ser criado em sala de aula, as interações que ocorrem nesse ambiente e a relação dialógica entre alunos-alunos e professora-alunos que possibilita a produção e a negociação de significado.

Álgebra para a formação do professor – Explorando os conceitos de equação e de função

Autores: *Alessandro Jacques Ribeiro, Helena Noronha Cury*

Neste livro, Alessandro Jacques Ribeiro e Helena Noronha Cury apresentam uma visão geral sobre os conceitos de equação e de função, explorando o tópico com vistas à formação do professor de Matemática. Os autores trazem aspectos históricos da constituição desses conceitos ao longo da História da Matemática e discutem os diferentes significados que até hoje perpassam as produções sobre esses tópicos. Com vistas à formação inicial ou continuada de professores de Matemática, Alessandro e Helena enfocam, ainda, alguns documentos oficiais que abordam o ensino de equações e de funções, bem como exemplos de problemas encontrados em livros didáticos. Também apresentam sugestões de atividades para a sala de aula de Matemática, abordando os conceitos de equação e de função, com o propósito de oferecer aos colegas, professores de Matemática de qualquer nível de ensino, possibilidades de refletir sobre os pressupostos teóricos que embasam o texto e produzir novas ações que contribuam para uma melhor compreensão desses conceitos, fundamentais para toda a aprendizagem matemática.

Análise de erros – O que podemos aprender com as respostas dos alunos

Autora: *Helena Noronha Cury*

Neste livro, Helena Noronha Cury apresenta uma visão geral sobre a análise de erros, fazendo um retrospecto das primeiras pesquisas na área e indicando teóricos que subsidiam investigações sobre erros. A autora defende a ideia de que a análise de erros é uma abordagem de pesquisa e também uma metodologia de ensino, se for empregada em sala de aula com o objetivo de levar os alunos a questionarem suas próprias soluções. O levantamento de trabalhos sobre erros desenvolvidos no país e no exterior, apresentado na obra, poderá ser usado pelos leitores segundo seus interesses de pesquisa ou ensino. A autora apresenta sugestões de uso dos erros em sala de aula, discutindo exemplos já trabalhados por outros investigadores. Nas conclusões, a pesquisadora sugere que discussões sobre os erros dos alunos venham a ser contempladas em disciplinas de cursos de formação de professores, já que podem gerar reflexões sobre o próprio processo de aprendizagem.

Aprendizagem em Geometria na educação básica – A fotografia e a escrita na sala de aula

Autores: *Cleane Aparecida dos Santos, Adair Mendes Nacarato*

Muitas pesquisas têm sido produzidas no campo da Educação Matemática sobre o ensino de Geometria. No entanto, o professor, quando deseja implementar atividades diferenciadas com seus alunos, depara-se com a

Outros títulos da coleção

escassez de materiais publicados. As autoras, diante dessa constatação, constroem, desenvolvem e analisam uma proposta alternativa para explorar os conceitos geométricos, aliando o uso de imagens fotográficas às produções escritas dos alunos. As autoras almejam que o compartilhamento da experiência vivida possa contribuir tanto para o campo da pesquisa quanto para as práticas pedagógicas dos professores que ensinam Matemática nos anos iniciais do ensino fundamental.

Da etnomatemática a arte-design e matrizes cíclicas
Autor: *Paulus Gerdes*

Neste livro, o leitor encontra uma cuidadosa discussão e diversos exemplos de como a Matemática se relaciona com outras atividades humanas. Para o leitor que ainda não conhece o trabalho de Paulus Gerdes, esta publicação sintetiza uma parte considerável da obra desenvolvida pelo autor ao longo dos últimos 30 anos. E para quem já conhece as pesquisas de Paulus, aqui são abordados novos tópicos, em especial as matrizes cíclicas, ideia que supera não só a noção de que a Matemática é independente de contexto e deve ser pensada como o símbolo da pureza, mas também quebra, dentro da própria Matemática, barreiras entre áreas que muitas vezes são vistas de modo estanque em disciplinas da graduação em Matemática ou do ensino médio.

Diálogo e aprendizagem em Educação Matemática
Autores: *Helle Alrø e Ole Skovsmose*

Neste livro, os educadores matemáticos dinamarqueses Helle Alrø e Ole Skovsmose relacionam a qualidade do diálogo em sala de aula com a aprendizagem. Apoiados em ideias de Paulo Freire, Carl Rogers e da Educação Matemática Crítica, esses autores trazem exemplos da sala de aula para substanciar os modelos que propõem acerca das diferentes formas de comunicação na sala de aula. Este livro é mais um passo em direção à internacionalização desta coleção. Este é o terceiro título da coleção no qual autores de destaque do exterior juntam-se aos autores nacionais para debaterem as diversas tendências em Educação Matemática. Skovsmose participa ativamente da comunidade brasileira, ministrando disciplinas, participando de conferências e interagindo com estudantes e docentes do Programa de Pós-Graduação em Educação Matemática da Unesp, em Rio Claro.

Didática da Matemática – Uma análise da influência francesa
Autor: *Luiz Carlos Pais*

Neste livro, Luiz Carlos Pais apresenta aos leitores conceitos fundamentais de uma tendência que ficou conhecida como "Didática Francesa".

Educadores matemáticos franceses, na sua maioria, desenvolveram um modo próprio de ver a educação centrada na questão do ensino da Matemática. Vários educadores matemáticos do Brasil adotaram alguma versão dessa tendência ao trabalharem com concepções dos alunos, com formação de professores, entre outros temas. O autor é um dos maiores especialistas no país nessa tendência, e o leitor verá isso ao se familiarizar com conceitos como transposição didática, contrato didático, obstáculos epistemológicos e engenharia didática, dentre outros.

Educação Estatística - Teoria e prática em ambientes de modelagem matemática

Autores: *Celso Ribeiro Campos, Maria Lúcia Lorenzetti Wodewotzki, Otávio Roberto Jacobini*

Este livro traz ao leitor um estudo minucioso sobre a Educação Estatística e oferece elementos fundamentais para o ensino e a aprendizagem em sala de aula dessa disciplina, que vem se difundindo e já integra a grade curricular dos ensinos fundamental e médio. Os autores apresentam aqui o que apontam as pesquisas desse campo, além de fomentarem discussões acerca das teorias e práticas em interface com a modelagem matemática e a educação crítica.

Educação Matemática de Jovens e Adultos – Especificidades, desafios e contribuições

Autora: *Maria da Conceição F. R. Fonseca*

Neste livro, Maria da Conceição F. R. Fonseca apresenta ao leitor uma visão do que é a Educação de Adultos e de que forma essa se entrelaça com a Educação Matemática. A autora traz para o leitor reflexões atuais feitas por ela e por outros educadores que são referência na área de Educação de Jovens e Adultos no país. Este quinto volume da coleção "Tendências em Educação Matemática" certamente irá impulsionar a pesquisa e a reflexão sobre o tema, fundamental para a compreensão da questão do ponto de vista social e político.

Etnomatemática – Elo entre as tradições e a modernidade

Autor: *Ubiratan D'Ambrosio*

Neste livro, Ubiratan D'Ambrosio apresenta seus mais recentes pensamentos sobre Etnomatemática, uma tendência da qual é um dos fundadores. Ele propicia ao leitor uma análise do papel da Matemática na cultura ocidental e da noção de que Matemática é apenas uma forma de Etnomatemática. O autor discute como a análise desenvolvida é relevante para a sala de aula. Faz ainda um arrazoado de diversos trabalhos na área já desenvolvidos no país e no exterior.

Outros títulos da coleção

Educação a Distância online
Autores: *Marcelo de Carvalho Borba, Ana Paula dos Santos Malheiros e Rúbia Barcelos Amaral*

Neste livro, os autores apresentam resultados de mais de oito anos de experiência e pesquisas em Educação a Distância online (EaDonline), com exemplos de cursos ministrados para professores de Matemática. Além de cursos, outras práticas pedagógicas, como comunidades virtuais de aprendizagem e o desenvolvimento de projetos de modelagem realizados a distância, são descritas. Ainda que os três autores deste livro sejam da área de Educação Matemática, algumas das discussões nele apresentadas, como formação de professores, o papel docente em EaDonline, além de questões de metodologia de pesquisa qualitativa, podem ser adaptadas a outras áreas do conhecimento. Neste sentido, esta obra se dirige àquele que ainda não está familiarizado com a EaDonline e também àquele que busca refletir de forma mais intensa sobre sua prática nesta modalidade educacional. Cabe destacar que os três autores têm ministrado aulas em ambientes virtuais de aprendizagem.

Etnomatemática em movimento
Autoras: *Gelsa Knijnik, Fernanda Wanderer, Ieda Maria Giongo, Claudia Glavam Duarte*

Integrante da coleção "Tendências em Educação Matemática", este livro traz ao público um minucioso estudo sobre os rumos da Etnomatemática, cuja referência principal é o brasileiro Ubiratan D'Ambrosio. As ideias aqui discutidas tomam como base o desenvolvimento dos estudos etnomatemáticos e a forma como o movimento de continuidades e deslocamentos tem marcado esses trabalhos, centralmente ocupados em questionar a política do conhecimento dominante. As autoras refletem aqui sobre as discussões atuais em torno das pesquisas etnomatemáticas e o percurso tomado sobre essa vertente da Educação Matemática, desde seu surgimento, nos anos 1970, até os dias atuais.

Filosofia da Educação Matemática
Autores: *Maria Aparecida Viggiani Bicudo, Antonio Vicente Marafioti Garnica*

Neste livro, Maria Bicudo e Antonio Vicente Garnica apresentam ao leitor suas ideias sobre Filosofia da Educação Matemática. Eles propiciam ao leitor a oportunidade de refletir sobre questões relativas à Filosofia da Matemática, à Filosofia da Educação e mostram as novas perguntas que definem essa tendência em Educação Matemática. Neste livro, em vez de ver a Educação Matemática sob a ótica da Psicologia ou da própria Matemática, os autores a veem sob a ótica da Filosofia da Educação Matemática.

Formação matemática do professor – Licenciatura e prática docente escolar
Autores: *Plinio Cavalcante Moreira e Maria Manuela M. S. David*

Neste livro, os autores levantam questões fundamentais para a formação do professor de Matemática. Que Matemática deve o professor de Matemática estudar? A acadêmica ou aquela que é ensinada na escola? A partir de perguntas como essas, os autores questionam essas opções dicotômicas e apontam um terceiro caminho a ser seguido. O livro apresenta diversos exemplos do modo como os conjuntos numéricos são trabalhados na escola e na academia. Finalmente, cabe lembrar que esta publicação inova ao integrar o livro com a internet. No site da editora www.autenticaeditora.com.br, procure por Educação Matemática e pelo título "A formação matemática do professor: licenciatura e prática docente escolar", onde o leitor pode encontrar alguns textos complementares ao livro e apresentar seus comentários, críticas e sugestões, estabelecendo, assim, um diálogo online com os autores.

História na Educação Matemática – Propostas e desafios
Autores: *Antonio Miguel e Maria Ângela Miorim*

Neste livro, os autores discutem diversos temas que interessam ao educador matemático. Eles abordam História da Matemática, História da Educação Matemática e como essas duas regiões de inquérito podem se relacionar com a Educação Matemática. O leitor irá notar que eles também apresentam uma visão sobre o que é História e abordam esse difícil tema de uma forma acessível ao leitor interessado no assunto. Este décimo volume da coleção certamente transformará a visão do leitor sobre o uso de História na Educação Matemática.

Informática e Educação Matemática
Autores: *Marcelo de Carvalho Borba, Miriam Godoy Penteado*

Os autores tratam de maneira inovadora e consciente da presença da informática na sala de aula quando do ensino de Matemática. Sem prender-se a clichês que entusiasmadamente apoiam o uso de computadores para o ensino de Matemática ou criticamente negam qualquer uso desse tipo, os autores citam exemplos práticos, fundamentados em explicações teóricas objetivas, de como se pode relacionar Matemática e informática em sala de aula. Tratam também de questões políticas relacionadas à adoção de computadores e calculadoras gráficas para o ensino de Matemática.

Interdisciplinaridade e aprendizagem da Matemática em sala de aula
Autores: *Vanessa Sena Tomaz e Maria Manuela M. S. David*

Como lidar com a interdisciplinaridade no ensino da Matemática? De que forma o professor pode criar um ambiente favorável que o ajude a

Outros títulos da coleção

perceber o que e como seus alunos aprendem? Essas são algumas das questões elucidadas pelas autoras neste livro, voltado não só para os envolvidos com Educação Matemática como também para os que se interessam por educação em geral. Isso porque um dos benefícios deste trabalho é a compreensão de que a Matemática está sendo chamada a engajar-se na crescente preocupação com a formação integral do aluno como cidadão, o que chama a atenção para a necessidade de tratar o ensino da disciplina levando-se em conta a complexidade do contexto social e a riqueza da visão interdisciplinar na relação entre ensino e aprendizagem, sem deixar de lado os desafios e as dificuldades dessa prática.

Para enriquecer a leitura, as autoras apresentam algumas situações ocorridas em sala de aula que mostram diferentes abordagens interdisciplinares dos conteúdos escolares e oferecem elementos para que os professores e os formadores de professores criem formas cada vez mais produtivas de se ensinar e inserir a compreensão matemática na vida do aluno.

Investigações matemáticas na sala de aula

Autores: *João Pedro da Ponte, Joana Brocardo, Hélia Oliveira*

Neste livro, os autores – todos portugueses – analisam como práticas de investigação desenvolvidas por matemáticos podem ser trazidas para a sala de aula. Eles mostram resultados de pesquisas ilustrando as vantagens e dificuldades de se trabalhar com tal perspectiva em Educação Matemática. Geração de conjecturas, reflexão e formalização do conhecimento são aspectos discutidos pelos autores ao analisarem os papéis de alunos e professores em sala de aula quando lidam com problemas em áreas como geometria, estatística e aritmética.

Matemática e arte

Autor: *Dirceu Zaleski Filho*

Neste livro, Dirceu Zaleski Filho propõe reaproximar a Matemática e a arte no ensino. A partir de um estudo sobre a importância da relação entre essas áreas, o autor elabora aqui uma análise da contemporaneidade e oferece ao leitor uma revisão integrada da História da Matemática e da História da Arte, revelando o quão benéfica sua conciliação pode ser para o ensino. O autor sugere aqui novos caminhos para a Educação Matemática, mostrando como a Segunda Revolução Industrial – a eletroeletrônica, no século XXI – e a arte de Paul Cézanne, Pablo Picasso e, em especial, Piet Mondrian contribuíram para essa reaproximação, e como elas podem ser importantes para o ensino de Matemática em sala de aula.

Matemática e Arte é um livro imprescindível a todos os professores, alunos de graduação e de pós-graduação e, fundamentalmente, para professores da Educação Matemática.

Modelagem em Educação Matemática
Autores: *João Frederico da Costa de Azevedo Meyer, Ademir Donizeti Caldeira, Ana Paula dos Santos Malheiros*

A partir de pesquisas e da experiência adquirida em sala de aula, os autores deste livro oferecem aos leitores reflexões sobre aspectos da Modelagem e suas relações com a Educação Matemática. Esta obra mostra como essa disciplina pode funcionar como uma estratégia na qual o aluno ocupa lugar central na escolha de seu currículo.

Os autores também apresentam aqui a trajetória histórica da Modelagem e provocam discussões sobre suas relações, possibilidades e perspectivas em sala de aula, sobre diversos paradigmas educacionais e sobre a formação de professores. Para eles, a Modelagem deve ser datada, dinâmica, dialógica e diversa. A presente obra oferece um minucioso estudo sobre as bases teóricas e práticas da Modelagem e, sobretudo, a aproxima dos professores e alunos de Matemática.

O uso da calculadora nos anos iniciais do ensino fundamental
Autoras: *Ana Coelho Vieira Selva e Rute Elizabete de Souza Borba*

Neste livro, Ana Selva e Rute Borba abordam o uso da calculadora em sala de aula, desmistificando preconceitos e demonstrando a grande contribuição dessa ferramenta para o processo de aprendizagem da Matemática. As autoras apresentam pesquisas, analisam propostas de uso da calculadora em livros didáticos e descrevem experiências inovadoras em sala de aula em que a calculadora possibilitou avanços nos conhecimentos matemáticos dos estudantes dos anos iniciais do ensino fundamental. Trazem também diversas sugestões de uso da calculadora na sala de aula que podem contribuir para um novo olhar, por parte dos professores, para o uso dessa ferramenta no cotidiano da escola.

Pesquisa em ensino e sala de aula – Diferentes vozes em uma investigação
Autores: *Marcelo de Carvalho Borba, Helber Rangel Formiga Leite de Almeida, Telma Aparecida de Souza Gracias*

Pesquisa em ensino e sala de aula: diferentes vozes em uma investigação não se trata apenas de uma obra sobre metodologia de pesquisa: neste livro, os autores abordam diversos aspectos da pesquisa em ensino e suas relações com a sala de aula. Motivados por uma pergunta provocadora, eles apontam que as pesquisas em ensino são instigadas pela vivência dos professores em suas salas de aulas, e esse "cotidiano" dispara inquietações acerca de sua atuação, de sua formação, entre outras. Ainda, os autores lançam mão da metáfora das "vozes" para indicar que o pesquisador, seja iniciante ou mesmo experiente, não está sozinho em uma pesquisa, ele "escuta" a literatura e os referenciais teóricos e os entrelaça com a metodologia e os dados produzidos.

Outros títulos da coleção

Pesquisa Qualitativa em Educação Matemática
Organizadores: *Marcelo de Carvalho Borba, Jussara de Loiola Araújo*
Os autores apresentam, neste livro, algumas das principais tendências no que tem sido denominado "Pesquisa Qualitativa em Educação Matemática". Essa visão de pesquisa está baseada na ideia de que há sempre um aspecto subjetivo no conhecimento produzido. Não há, nessa visão, neutralidade no conhecimento que se constrói. Os quatro capítulos explicam quatro linhas de pesquisa em Educação Matemática, na vertente qualitativa, que são representativas do que de importante vem sendo feito no Brasil. São capítulos que revelam a originalidade de seus autores na criação de novas direções de pesquisa.

Psicologia na Educação Matemática
Autor: *Jorge Tarcísio da Rocha Falcão*
Neste livro, o autor apresenta ao leitor a Psicologia da Educação Matemática, embasando sua visão em duas partes. Na primeira, ele discute temas como psicologia do desenvolvimento e psicologia escolar e da aprendizagem, mostrando como um novo domínio emerge dentro dessas áreas mais tradicionais. Em segundo lugar, são apresentados resultados de pesquisa, fazendo a conexão com a prática daqueles que militam na sala de aula. O autor defende a especificidade deste novo domínio, na medida em que é relevante considerar o objeto da aprendizagem, e sugere que a leitura deste livro seja complementada por outros desta coleção, como *Didática da Matemática: sua influência francesa, Informática e Educação Matemática e Filosofia da Educação Matemática*.

Relações de gênero, Educação Matemática e discurso – Enunciados sobre mulheres, homens e matemática
Autoras: *Maria Celeste Reis Fernandes de Souza, Maria da Conceição F. R. Fonseca*
Neste livro, as autoras nos convidam a refletir sobre o modo como as relações de gênero permeiam as práticas educativas, em particular as que se constituem no âmbito da Educação Matemática. Destacando o caráter discursivo dessas relações, a obra entrelaça os conceitos de *gênero*, *discurso* e *numeramento* para discutir enunciados envolvendo mulheres, homens e Matemática. As autoras elegeram quatro enunciados que circulam recorrentemente em diversas práticas sociais: "Homem é melhor em Matemática (do que mulher)"; "Mulher cuida melhor... mas precisa ser cuidada"; "O que é escrito vale mais" e "Mulher também tem direitos". A análise que elas propõem aqui mostra como os discursos sobre relações de gênero e matemática repercutem e produzem desigualdades, impregnando um amplo espectro de experiências que abrange aspectos afetivos e laborais da vida doméstica, relações de trabalho e modos de

produção, produtos e estratégias da mídia, instâncias e preceitos legais e o cotidiano escolar.

Tendências internacionais em formação de professores de Matemática
Organizador: *Marcelo de Carvalho Borba*

Neste livro, alguns dos mais importantes pesquisadores em Educação Matemática, que trabalham em países como África do Sul, Estados Unidos, Israel, Dinamarca e diversas Ilhas do Pacífico, nos trazem resultados dos trabalhos desenvolvidos. Esses resultados e os dilemas apresentados por esses autores de renome internacional são complementados pelos comentários que Marcelo C. Borba faz na apresentação, buscando relacionar as experiências deles com aquelas vividas por nós no Brasil. Borba aproveita também para propor alguns problemas em aberto, que não foram tratados por eles, além de destacar um exemplo de investigação sobre a formação de professores de Matemática que foi desenvolvida no Brasil.

Este livro foi composto com tipografia Minion Pro e
impresso em papel Off-White 70 g/m² na Formato Artes Gráficas.